ZUR ERINNERUNG AN MEINEN VATER,

seine Ausdauer,

seine Akribie,

sein Wissen,

seine Loyalität

MEIN VORBILD

Hans Mehl (†)

Schiffspropeller

im Wandel der Zeiten

Herausgegeben von Hans-Joachim Mehl

Mit 231 Abbildungen

Edition Falkenberg

Abkürzungen

AK	Äußerste Kraft, Maschinenkommando
Azipod	Azimuthing Propulsion Drive – 360°
Bb.	Backbord
BRT	Bruttoregistertonne
BRZ	Brutto-Raumzahl
CKF	Kohlenstofffaserverstärkter Kunststoff
CODAG	Combined Diesel and Gasturbine
CODOG	Combined Diesel or Gasturbine
COGAG	Combined Gasturbine and Gasturbine
Exp.-KD	Expansions-Kolbendampfmaschine (z.B. 3-fach)
F	hier Kreisfläche eines Propellers
F_A	abgewickelte Fläche der Propellerblätter
kn	Knoten = 1 sm/h = 1.852 m/h
LNG	Liquid Natural Gas (Tanker)
MEKO	Mehrzweck-Kombinations-Schiffe
Pod	Propulsion Drive, Vortriebsmodul
PSi	induzierte Leistung einer Wärmekraftmaschine
PSw	Leistung an der Propellerwelle
Stb.	Steuerbord
TEU	Twenty-foot Equivalent Unit – entspricht 20-Fuß-Container
tdw	Tragfähigkeit in Tonnen
ts	long ton = 1,016 t

Unternehmen und Institutionen

AWI	Alfred-Wegener-Institut
CSSC	China State Shipbuilding Co.
GL	Germanischer Lloyd
Hapag	Hamburg-Amerikanische Packetfahrt Actien-Gesellschaft
IMMH	Internationales Maritimes Museum Hamburg
MAN	Maschinenfabrik Augsburg-Nürnberg
MMG	Mecklenburger Metallguss GmbH
MSC	Mediterranean Shipping Company
MTU	Motoren- und Turbinen-Union Friedrichshafen GmbH
MWM	Motorenwerke Mannheim
NDL	Norddeutscher Lloyd

Inhalt

Ausgeführte Propeller von den Anfängen bis heute

Anhang

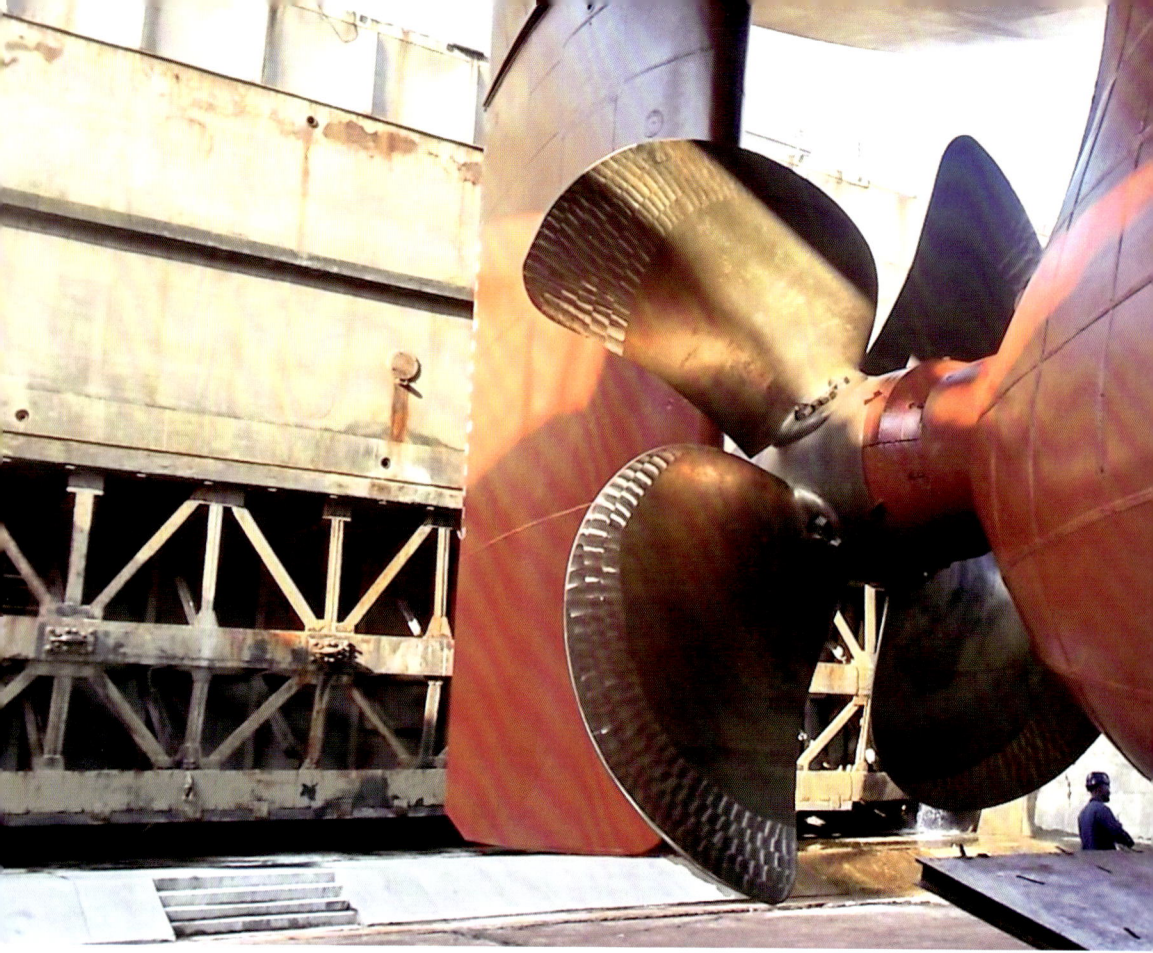

Vorwort

Es gibt viele gute Bücher und Publikationen zur Schifffahrtsgeschichte, über die Schiffe berühmter Reedereien, über die Kriegsflotten wie auch zur Technikgeschichte des deutschen Schiffbaus und über Schiffsantriebe. In einigen dieser Veröffentlichungen wird auch die Geschichte der Schiffspropeller teilweise mit abgehandelt und sie ist in Fachkreisen weitestgehend bekannt. Ein Buch nur über Schiffspropeller mit einem reichhaltigen Informations- und Bildmaterial zur Geschichte der Propeller und zu ausgeführten Propellern für viele Schiffstypen und Klassen von den Anfängen bis heute wurde bislang jedoch noch nicht veröffentlicht.

Rund 5000 Jahre nutzten Menschen die Wind- und Muskelkraft für Fahrten mit ihren Schiffen,

erst die Erfindung der Dampfmaschine versetzte Erfinder und Konstrukteure in die Lage, maschinengetriebene Vortriebsmittel für See- und Binnenschiffe zu entwickeln und schrittweise einzuführen. Propellere ist der lateinische Ausdruck für vorwärtstreiben.

Nur kurze Zeit nach den Versuchen mit einer archimedischen Schraube als Vortriebsmittel für Schiffe durch den österreichischen Forstbeamten Josef Ressel trat der Schiffspropeller seinen Siegeszug an. Der schwedische Ingenieur John Ericsson schuf mit seinen Arbeiten wesentliche Voraussetzungen zur Schaffung einer Arbeitsmaschine mit Nabe und Flügeln zum Vortrieb von Schiffen.

Dies und viele andere interessante Aspekte zur Entwicklung der Schiffspropeller werden hier

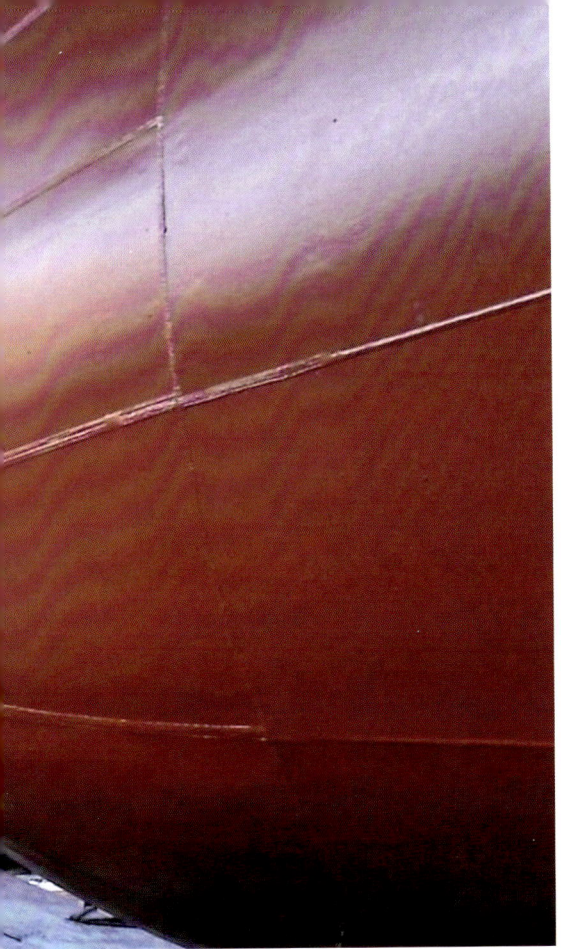

Massengutschiff (Selbstlöscher) MS BELTNES der Reederei HJH-Shipmanagement, Cadenberge, gebaut bei der Sietas-Werft in Hamburg; Verstellprop. von Schottel. Foto: Peter Pospiech

peller, Propeller für Querstrahlanlagen sowie Voith-Schneider-Antriebe. Der Leser erfährt Fakten über heutige moderne Konstruktionstechnologien wie auch über Herstellungsverfahren von Schiffspropellern. Dabei wird auch die Rolle der Schiffbau- und Strömungsversuchsanstalten mit ihren wissenschaftlich-technischen Arbeiten zur Forschung und Entwicklung einbezogen.

Dass die Erarbeitung so eines technischen Sachbuches heute im Alleingang nicht möglich ist, liegt auf der Hand. Für eine hervorragende Unterstützung mit Informationen und Bildmaterial bin ich nachfolgenden Unternehmen und Institutionen zu großem Dank verpflichtet: Mecklenburger Metallguss GmbH, Escher Wyss Propellers, Schottel Schiffsmaschinen, Werft Blohm + Voss, Alfred-Wegener-Institut, Reederei F. Laeisz, Redaktion der Zeitschrift ANTRIEB, Germanischer Lloyd, Internationales Maritim Museum Hamburg und der Deutschen Gesellschaft für Schifffahrts- und Marinegeschichte.

Mein besonderer Dank für vielfältige Unterstützung gilt auch den Herren Prof. Peter Tamm, Dr. Jürgen Wessel, Dipl.-Ing. Manfred Urban, Dipl.-Ing. Jörn Klüss, Freg.-Kpt. a.D. Kalle Scheuch, Dipl.-Ing. Olaf Ziemann, Dipl.-Ing. Olaf Pestow, Dipl.-Ing. Dietrich Strobel, Dipl.-Ing. Dirk Nottelmann, Dipl.-Ing. W. Schwanbeck, Dipl.-Ing. Jan Lepper, Dipl.-Ing. Jochen Gränz, Manfred Meyer, Wolfgang Kramer und Helmut Seger. Natürlich gilt auch der Edition Falkenberg mein herzlicher Dank für die Begleitung und akkurate Herausgabe dieses Titels.

in einer erweiterten, reich illustrierten Einführung für interessierte Leser dargestellt. Sozusagen vom empirisch entwickelten Zwei-Blatt-Propeller aus Kanonenbronze bis zu heutigen Super-Propellern für Megaboxer (Postpanmax-Containerschiffe) einschließlich propulsionsverbessernder Konstruktionen reicht die Palette der Propellergeschichte. Dazu werden in den Bild-Textteilen Propeller von Handels- und Spezialschiffen, Überwasserkriegsschiffen und Propeller von U-Booten einschließlich vieler Heckkonstruktionen, Schiffsdaten und ausgewählter Schiffsfotos chronologisch dargeboten. Selbstverständlich gehören zu diesen Darstellungen auch alle heutigen Mitglieder der großen Propellerfamilie wie Verstellpropeller, Ruderpro-

Der Schiffspropeller wird nach Ansicht aller Fachleute auch in weiter Zukunft das bestimmende Vortriebsmittel für Schiffe vieler Typen und Klassen sein. Wasserstrahlantriebe für Schnellfähren, Yachten und Marineschiffe ergänzen sicher sinnvoll die Vortriebsvarianten. Möge diese Darstellung eine Fundgrube für technisch interessierte Leser, Shiplover und auch Modellbauer sein. Wenn auch der Fachmann noch für ihn interessante historische Details findet, dann hat sich die Arbeit gelohnt.

Kritzmow/Bremen 2011
Dr. Ing. Hans Mehl

Eisbrecher SCHWEDT gebaut auf der Hitzler-Werft in Lauenburg. Das Bild zeigt das Schiff kurz vor dem Stapellauf. Spezieller »EIS«-Propeller von Piening-Glückstadt. Foto: Peter Pospiech

Einführung

Es gibt Menschen, die sagen, die Erfindung des Schiffspropellers ist in ihrer Bedeutung für die Menschheitsgeschichte durchaus mit der Erfindung des Rades in der Antike gleichzusetzen. Beide technischen Mittel ergaben für die Menschen neue Möglichkeiten, Handelsgüter und Personen zuverlässig über große Entfernungen zu transportieren. Sicher, schon vor dem Propeller gab es Vortriebsmittel, die mit Maschinenkraft Schiffe bewegten. Gemeint ist das Schaufelrad. An den Seiten oder am Heck eines Schiffes angeordnet und mittels Dampfmaschinen in Rotation versetzt, gleicht das Wirkprinzip eigentlich dem Paddeln. Nicht umsonst heißen Raddampfer im englischen Sprachraum bis heute paddle steamer.

Immerhin, das maschinengetriebene Schaufelrad war ein bedeutender Meilenstein auf dem Weg zur Ablösung der Wind- und Muskelkraft bei der Fortbewegung von Schiffen, selbst wenn seine Nachteile immer wieder zutage traten. Bereits 1801 schufen die Erfinder P. Miller und W. Symington das bekannt gewordene Dampfboot CHARLOTTE DUNDAS mit einem Heckschaufelrad und Antrieb durch eine 10-PS-Dampfmaschine. Eine Pionierrolle bei der Entwicklung und Einführung von Raddampfern kam dem Amerikaner Robert Fulton zu

Das 1807 in New York von Robert Fulton gebaute Dampfschiff CLERMONT. Foto: Slg. H. Mehl

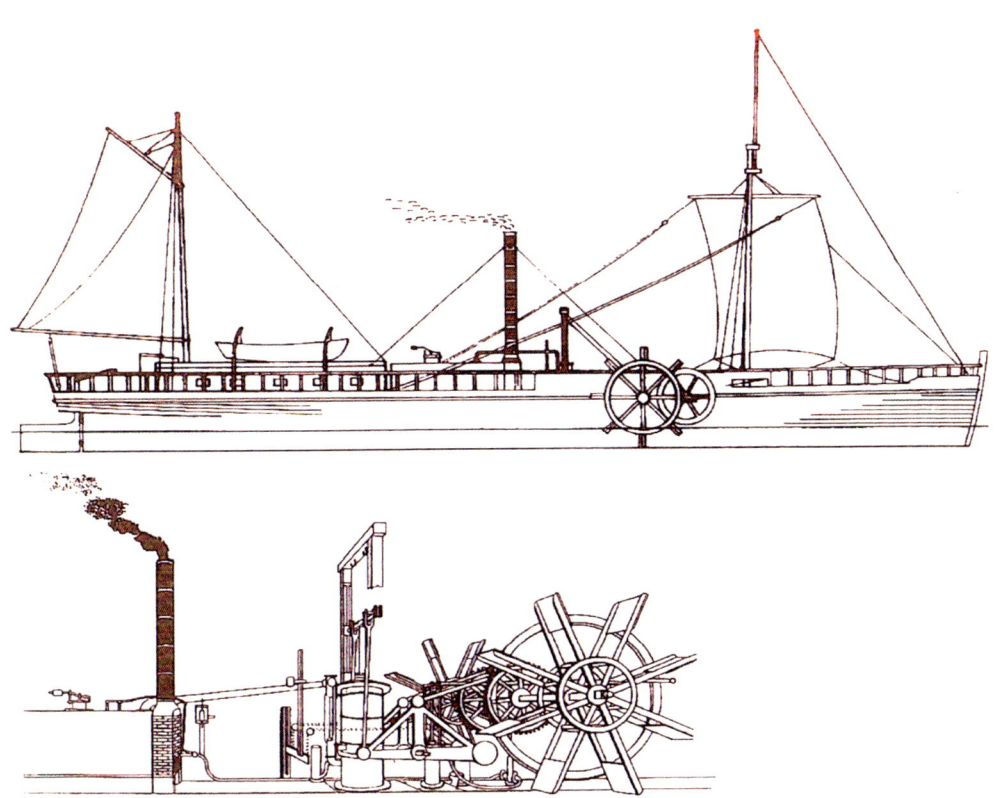

(1768 – 1815). Das von ihm projektierte Dampfschiff CLERMONT lief 1807 auf der Werft von Ch. Brown in New York vom Stapel (40,5 m lang, 160 ts). Als Antriebsmaschine ließ er eine von Boulton & Watt in England hergestellte Dampfmaschine mit rund 17 PS Leistung einbauen. Seine Schaufelräder mit acht starren Schaufeln hatten einen Durchmesser von 4,5 m. Das Schiff bewährte sich einige Jahre als Verkehrsboot auf dem Hudson River.

Auf Flüssen und Binnenseen wegen des geringen Tieftauchens fast ein idealer Antrieb, kam es jedoch in der Küsten- und später unbegrenzten Fahrt bei rauem Wetter immer wieder zu Havarien an den Schaufelrädern durch Schlinger- und Stampfbewegungen der Schiffe. Auch der Wirkungsgrad der Räder mit anfangs starren Schaufeln war nicht gerade der beste. Verdeutlicht man sich die wirkenden Kräfte beim Ein- und Austau-

chen einer rotierenden starren Schaufel, wird schnell klar, dass nur ein Teil der aufgewendeten Leistung für einen Schub ausgenutzt wird, der Rest erbringt vertikale Auf- und Abtriebskräfte ohne jeden Nutzen. Es ist schon erstaunlich, an welch gewaltige Gebilde von Schaufelrädern sich einige Konstrukteure trotz der bekannten Nachteile heranwagten. Herausragendes Beispiel ist der 1858/59 in England gebaute Super-Raddampfer GREAT EASTERN, bei dem die seitlich angebrachten Schaufelräder einen Durchmesser von 17,4 m hatten! Obwohl der geniale Konstrukteur I. K. Brunel bereits 1843 das erste eiserne Hochseeschiff GREAT BRITAIN von einem ursprünglich geplanten Schaufelradantrieb für einen Propellerantrieb umkonstruierte, wählte er für die GREAT EASTERN wieder zwei Schaufelräder, aber zusätzlich bereits einen Propeller mit einem Durchmesser von 7,3 m auf einer Mittelwelle. Bei den Schaufelradantrieben gab es nochmals einen Entwicklungsimpuls, als es gelang, geregelte Schaufeln an den Rädern anzubringen.

Die GREAT EASTERN mit ihren 17-m-Schaufelrädern 1858 im Baudock. Foto: Slg. H. Mehl

Diese mechanische Regelautomatik gewährleistete, dass die Schaufeln bei jeder Umdrehung des Rades mit einem fast senkrechten Winkel in das Wasser ein- und auch wieder austauchten, womit der Wirkungsgrad der Schaufelräder wesentlich verbessert wurde. Generell wäre zu den Schaufelradantrieben noch zu sagen, dass vor allen Dingen alle Hochseedampfer noch mit einer vollwertigen Takelage ausgerüstet waren. Kam es zu Störungen an der Antriebsanlage, konnte die Fahrt notfalls wieder unter Segel fortgesetzt werden. Zum anderen war sowohl bei den Schaufelradantrieben wie auch bei ersten Schiffen mit Propellervortrieb immer noch die Brennstoff- sprich Kohlefrage. Während der Betrieb von Schaufelraddampfern auf den Binnengewässern meist kein Problem war, fehlte bei Überseefahrten noch ein dichtes Netz von Kohlestationen, so dass aus Gründen der Brennstoffeinsparung anfänglich immer wieder mal gesegelt wurde. Auch bei der ersten Atlantiküberquerung eines Raddampfers – 1819 wagte die amerikanische SAVANNAH diesen Schritt – wurde über den größten Teil der Stecke noch gesegelt. Erst die größeren Raddampfschiffe konnten einen ausreichenden Kohlevorrat für Überseefahrten mitführen. Auf Flüssen und Binnenseen erfreuen sich Raddampfer bei Ausflüglern und Touristen bis heute einer großen Beliebtheit.

Für die Kriegsflotten der größeren Seemächte kam der Schaufelradantrieb bei großen Kriegsschiffen sowieso nicht in Frage. Man hielt diesen Antrieb bei einem Seegefecht für viel zu beschussempfindlich und außerdem beanspruchten die seitlichen Schaufelräder wertvollen Platz, der für die Aufstellung von Geschützen in den Batteriedecks verloren ging. Eine Ausnahme bildete eine größere Anzahl von Raddampfern, die im amerikanischen Bürgerkrieg notgedrungen zu Kanonenbooten umgebaut wurden. In den regulären Flotten wurden lediglich kleinere Fahrzeuge wie Sloops (Korvetten) oder Marineschlepper mit Schaufelradantrieb in Dienst genommen.

Das von Ob.-Ing. W. Dietze auf der Werft Gebrüder Sachsenberg in Roßlau entwickelte Rad mit geregelten Schaufeln.
Foto: Archiv Roßlauer Schiffswerft

Der Weg zum Propeller

Bedeutende Gelehrte verschiedener Wissenschaftsdisziplinen schufen eine Reihe theoretischer wie auch praktischer Voraussetzungen, um andere Antriebsarten für Wasserfahrzeuge als die Wind- und Muskelkraft zu entwickeln. Namen wie Archimedes (287 – 212 v.u.Z.), Leonardo da Vinci (1452 – 1519), Daniel Bernoulli (1700 – 1782) wie auch Leonhard Euler (1707 – 1783) haben sich für ewig in die Technikgeschichte der Menschheit eingetragen und das nicht nur für neuartige Schiffsantriebe. Die von Archimedes entwickelte und nach ihm benannte »archimedische Schraube« – sie wird bis heute als Förder- und Transportelement auch in modernster Technik eingesetzt – war ein wesentlicher Impuls auf dem Weg zum heutigen Schiffspropeller. Auch Daniel Bernoulli, ab 1725 Mitglied der Russischen Akademie der Wissenschaften zu St. Petersburg, schuf mit seinen physikalischen Gesetzen zur Strömungslehre wesentliche Voraussetzungen und das nicht nur für die Weiterentwicklung der Propeller (Luftfahrttechnik!). Ein von ihm 1752 vorgeschlagenes Schaufelrad mit bereits schräg gestellten Schaufeln kam dem späteren Propeller schon nahe.

Auch weniger bekannte Erfinder und Tüftler griffen die Ideen der Gelehrten auf und entwickelten eigene Vorschläge für einen Schiffsvortrieb. Zu nennen wären hier kurz der englische Maschinenbaumeister Joseph Bramah (Schraubenrad), P. Rumsey (archimedische Schraube), die Erfinder Lyttleton und Shorter wie auch der amerikanische Colonel J. C. Stevens u.a. Die meisten scheiterten vorerst jedoch daran, dass ja eine Maschinenkraft in Form der Dampfmaschine noch nicht zur Verfügung stand. Auch konnten einige der Erfindungen aufgrund des damaligen technischen Entwicklungsstandes einfach nicht hergestellt werden. Erst die Erfindung wichtiger Konstruktionselemente für eine funktionstüchtige Dampfmaschine durch den schottischen Mechaniker James Watt (1736 – 1819) führte zu einer

industriellen Revolution in der Menschheitsgeschichte. Obwohl schon vor J. Watt andere Erfinder mit Dampfmaschinen experimentierten (J. Fitch, P. Miller, W. Symington u.a.), gebührt J. Watt das Verdienst und die Ehre, in unermüdlicher Arbeit alle wichtigen technischen Details für eine zuverlässig arbeitende Dampfmaschine gelöst zu haben. Genannt seien hier kurz der Kurbeltrieb, die doppelte Ausnutzung des Dampfes (doppelt wirkend) und der Kondensator. Zur Realisierung seiner Erfindungen ging J. Watt eine Verbindung mit dem Unternehmer Matthew Boulton ein, zusammen gründeten sie 1775 die Dampfmaschinenfabrik Boulton & Watt. Einige der bereits genannten Erfinder rüsteten danach ihre Raddampfer mit Dampfmaschinen von Boulton & Watt aus. Bald danach schossen Raddampfer sowohl in Amerika wie auch in anderen Ländern wie Pilze aus dem Boden. Gerade in den Kolonien erbrachten sie die Möglichkeit, in unerschlossene Gebiete vorzudringen und Waren wie auch Siedler und Händler zu transportieren. Das ma-

Der 130 Jahre alte Raddampfer STADT WEHLEN erfreut sich in Dresden bei Einheimischen und Touristen großer Beliebtheit. Foto: Slg. H. Mehl

schinengetriebene Schaufelrad wurde somit ein bedeutender Meilenstein für maschinelle Schiffsantriebe.

Ein Förster erfindet die Schiffsschraube

Anfang des 19. Jahrhunderts trat dann ausgerechnet der spätere österreichische Forstbeamte Josef Ressel auf den Plan, der heute weltweit als Erfinder der Schiffsschraube anerkannt wird. Aber das hatte seine Bewandtnis.

1793 in der Stadt Chrudim in Böhmen geboren, besuchte er bis zum 14. Lebensjahr das Linzer Gymnasium und danach die Landesartillerieschule in Budweis. Ab 1812 schrieb er sich an der Wiener Universität ein, wo er neben dem Fach Staatsrechnungswissenschaften auch verschiedene technische Fächer des neu gegründeten Polytechnischen Instituts belegte. Da seine Eltern 1814 jedoch verarmten, musste er das Studium abbrechen. Als Ausweg wandte er sich nun dem Forstwesen zu und bekam bei der Forstakademie in Mariabrunn auch einen Freiplatz zugewiesen. 1817 bewarb er sich mit Erfolg bei der K.K. Kriegsmarine für den Posten eines Waldagenten. Fleiß und Zuverlässigkeit brachten ihm schließlich den Beamtentitel eines Forstintendanten bei der K.K. Marine ein. Die Verbindung zwischen Marine und Forstwesen in der damaligen Zeit bestand einfach darin, dass ja Kriegs- und Handelsschiffe noch aus Holz gebaut wurden, selbst wenn sie schon einen maschinengetriebenen Schaufelradantrieb hatten. Da J. Ressel seinen technischen Wissensdrang nie aufgegeben hatte, bot sich ihm jetzt die Möglichkeit, enger am Marineschiffbau dran zu sein und Bedingungen und Voraussetzungen für einen Schraubenantrieb besser einschätzen zu können.

Bei seiner Arbeit für einen neuartigen Schiffsantrieb verfolgte J. Ressel das Prinzip der archimedischen Schraube, wobei er von Anbeginn nur einen Teil einer zweigängigen Schraube vorsah.

Der Erfinder Josef Ressel (1793 – 1857) als K.K. Marine-Forstintendant. Foto: Slg. H. Mehl

Da die K.K. Marine jedoch keinerlei Interesse an seinen Arbeiten zeigte, gewann er schließlich zwei österreichische Kaufleute, die den Bau einer ersten Versuchsanlage finanzierten. Ein Triester Maschinenbaumeister baute ihm die Schraube, die er damals noch vorne an einem kleinen Boot anbringen ließ. Der Antrieb erfolgte über einen Mechanismus von Hand durch zwei Männer. Bei den Probefahrten entsprach der Vortrieb des Bootes den Erwartungen und war völlig zufriedenstellend. Dieser erste Erfolg veranlasste J. Ressel am 26. November 1826, einen Antrag auf Erteilung eines österreichischen Privilegs (später Patent) zum Schutz seiner »Schraubenerfindung« einzureichen. Dieses Privileg wurde J. Ressel am 11. Februar 1827 erteilt, nach den damaligen Gepflogenheiten jedoch nur für eine Schutzzeit von zwei Jahren.

Da J. Ressel nach wie vor über keinerlei finanzielle Mittel zum Bau eines größeren Versuchsfahrzeuges besaß, übertrug er im November 1828 seine Schutzrechte an den Triester Unternehmer Ottavio Fontana mit Anspruch auf eine Gewinnbeteiligung.

*Handschriftliche Aufzeichnung Josef Ressels
über seine Schiffsschraube aus dem Jahre 1827.
Quelle: Slg. H. Mehl*

Beide verfolgten vorerst das Vorhaben, nun ein Schiff mit einer Dampfmaschinenanlage zum Antrieb der Ressel'schen Schraube bauen zu lassen. Da zu dieser Zeit alle technischen Entwicklungen noch von der Wiener Hofkammer der Monarchie genehmigt werden mussten, wurde J. Ressel dort vorstellig und erläuterte das technische Projekt.

Die Hofkammer erteilte die Genehmigung, stellte aber die Bedingung, dass das Schiff und alle technischen Ausrüstungen in Österreich hergestellt würden. So patriotisch diese Forderungen auch gemeint waren, erbrachten sie doch einige Zeit später erhebliche Schwierigkeiten bei der Realisierung des Vorhabens. Ressel wollte ursprünglich eine in England hergestellte Dampfmaschine einsetzen, denn in Österreich hatte man bei Weitem noch nicht den Entwicklungsstand im Maschinenbau wie in England erreicht. Der Auftrag zum Bau des Schiffes mit einer Verdrängung von 48 t – es erhielt den

Namen CIVETTA – wurde an die Schiffswerft Panfili in Triest vergeben, wogegen die Dampfmaschine mit einer Kesselleistung von 6 PS in den Werkstätten des Barons Baltazzi in der Steiermark hergestellt werden sollte. Nach zügigem Bau lief die 18 m lange CIVETTA bereits im März 1829 vom Stapel, an die Auslieferung der bestellten Dampfmaschinenanlage war vorerst jedoch nicht zu denken. Mehr als ein halbes Jahr verzögerte sich deren Anfertigung, so dass Fontana und Ressel beschlossen, zwischenzeitlich neue Investoren in Paris zu finden, wozu Ressel seine Zeichnungen und Beschreibungen ohne einen Vertrag nach dort schickte. Als J. Ressel dann selbst nach Paris reiste, war er mehr als erstaunt, dass dort bereits ein Versuchsfahrzeug mit seiner Schraube erfolgreich auf dem St. Martins-Kanal erprobt wurde.

In der Folgezeit kam es nun auch zu Unstimmigkeiten zwischen dem Unternehmer Fontana und Ressel. Letzterer musste sich an die Wiener Hofkammer wenden, um die Fertigstellung der CIVETTA beim Unternehmer durchzusetzen. Nach nochmaliger Verzögerung trafen endlich alle Teile der Dampfmaschine in Triest ein.

Nach Montage der 2-Zylinder-Balancier-Kondensationsmaschine und des mit gusseisernen Rohren versehenen Kessels konnten ab Juli 1829 die Versuche beginnen. Während des Fahrens mit betriebsklarer Maschine – insgesamt wurden 13 kurze Versuchsfahrten durchgeführt – erwies sich der Vortrieb mit der Schraube als völlig zufriedenstellend, allerdings kam es immer wieder nur zu kurzen Erprobungszeiten, da die Dampfmaschine aufgrund technischer Störungen immer wieder ausfiel. Die amtliche Probefahrt erfolgte am 4. August 1829 anfangs wieder erfolgreich, jedoch platzte kurz darauf eine kupferne Dampfleitung. Da auch die gusseisernen Kesselrohre porös wurden, verbot die Triester Polizei – offensichtlich auf Betreiben des Triester Raddampferkonkurrenten Morgan – kurzerhand weitere Erprobungen. Das Versagen der österreichischen Dampfmaschinenanlage nahm der Unternehmer Fontana zum Anlass, den Vertrag mit J. Ressel zu kündigen.

Das Versuchsschiff CIVETTA mit Ressel-Schraube. Graphik: H. Rode

Zu Ressel wäre noch anzumerken, dass er weitere interessante Entwürfe für eine schwenkbare Schraube mit Ruderwirkung erarbeitete (1854). Da man in der K.K. Monarchie nach wie vor kein Interesse an der Ressel'schen Schiffsschraube zeigte, endete vorerst diese bahnbrechende Erfindung. Kurz vor seinem Tode schrieb Ressel 1857 in einer Niederschrift über seine Erfindung: »So tragisch endete in ihrem Vaterland anno 1834 die nämliche Schraube, welche jetzt nicht allein auf fremdem Boden, sondern auch in der K.K. Marine großartig aufwächst. Der Erfinder und das Vaterland haben keine Ehre davon und die Geschichte ist betrogen« (Handel-Mazetti).

Von der Schraube zum Propeller

Etwas vorwärtstreiben heißt auf Lateinisch propellere. Dem Problem eines neuartigen Vortriebsmittels für Schiffe widmeten sich fast parallel bzw. einige Zeit nach Josef Ressel auch andere Erfinder. Neben W. Church, 1829 Patent für gegenläufige Schraubenräder, sowie Woodcroft und Emersons sind hier besonders der in England lebende schwedische Ingenieur John Ericsson (1803–1889) und der technisch talentierte Farmer Francis Pettit Smith zu nennen. J. Ericsson, früher Captain (Hauptmnan) bei der schwedischen Armee, arbeitete anfänglich noch mit F. P. Smith zusammen. 1834 entstand so ein gemeinsam entwickeltes Versuchsboot, das als Vortriebsmittel noch eine mehrgängige archimedische Schraube erhielt. Es ist die Geschichte überliefert, dass das Boot bei einer Probefahrt eine Grundberührung hatte, bei der die halbe Schraube abbrach. Als man wieder freikam, stellte man mit Erstaunen fest, dass das Boot mit der halben Schraube schneller lief! Ebenfalls noch eine gemeinsame Entwicklung war 1838 der Bau des größeren Versuchsschiffes Archimedes. Das 38 m lange Schiff war mit zwei Dampfmaschinen von je 40 PS Leistung ausgerüstet. Als Vortriebsmittel diente hier noch eine 2.290 mm lange archimedische Schraube, mit der bei glattem Wasser eine Geschwindigkeit von über 9 kn erreicht wurde.

Der schwedische Ingenieur Ericsson beschritt frühzeitig einen anderen Weg. Schon ab 1826 experimentierte er mit sogenannten Schraubenrädern, bei denen auf Radringen mehrere schräg gestellte Blattflächen angeordnet waren. 1836 erhielt er in England ein Patent für zwei gegen-

Die archimedische Schraube als Vortriebsmittel am Dampfboot Archimedes *(Durchmesser 1.980 mm, nschr. = 133 U/min). Quelle: Dudszus Schiffstypen*

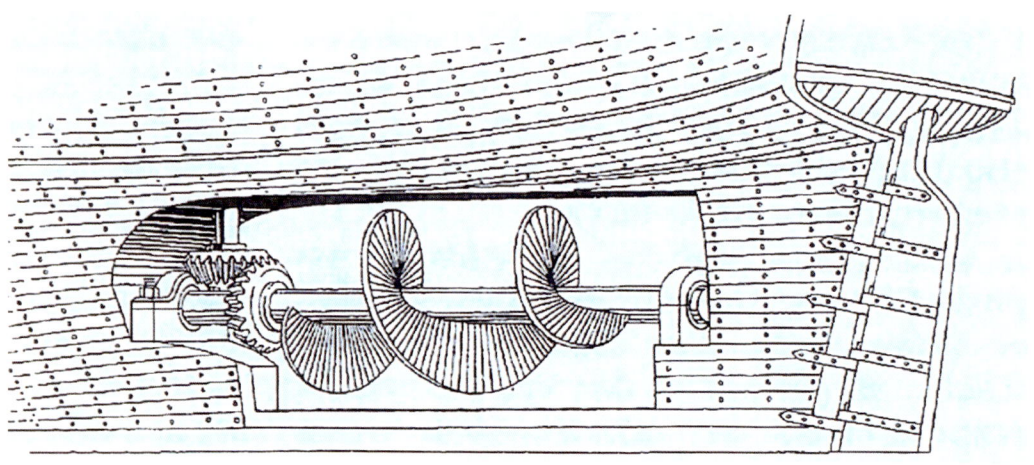

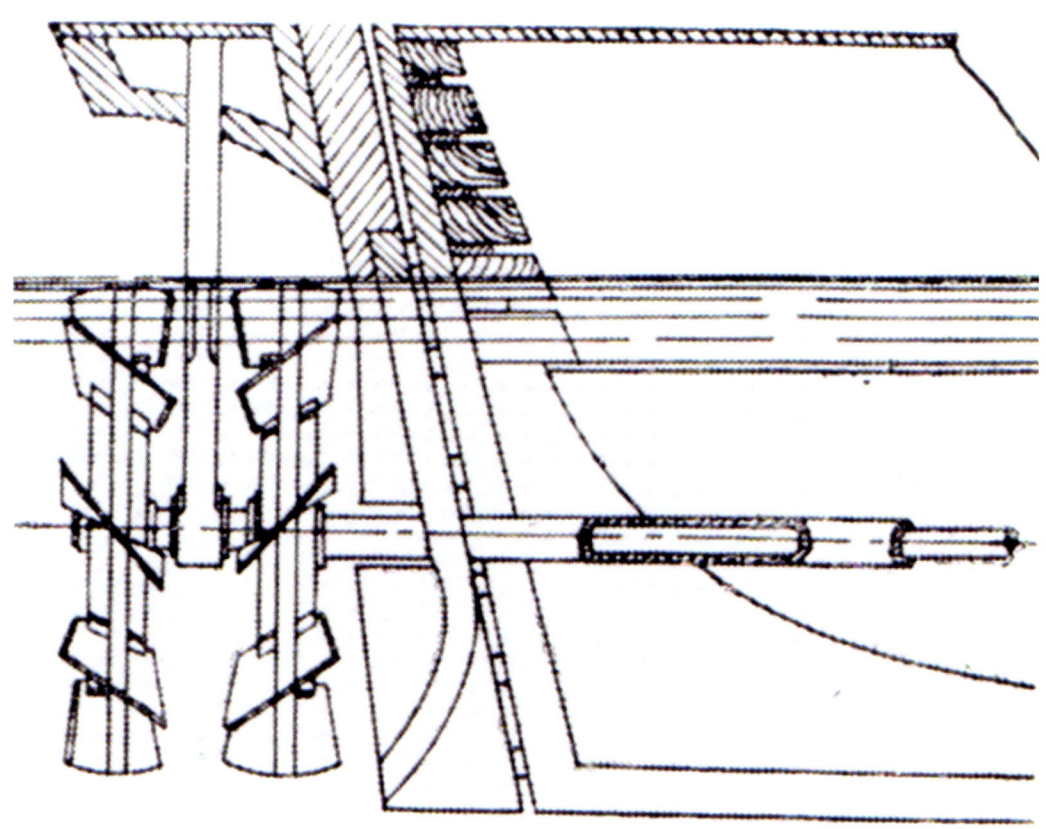

läufige Schraubenräder, die mit ebenfalls schräg gestellten Blättern schon ein richtiger Vorläufer des Propellers waren. Als erstes Fahrzeug rüstete er das Dampfboot FRANCIS OGDEN mit seinen gegenläufigen Schraubenrädern aus. Die Schraubenräder hatten hier einen Durchmesser von 5 Fuß und 3 Zoll (1.601 mm). Das 13,7 m lange Dampfboot erreichte mühelos 10 kn Fahrt, mit einem Anhang von »140 ts Lastigkeit« immerhin noch 7 kn. Das 1838 noch in England für den Kapitän R. F. Stockton gebaute Schiff erhielt ebenfalls Ericsson'sche Schraubenräder, womit bei einer Verdrängung von 33 t und einer Antriebsleistung von 50 PS eine Geschwindigkeit von 11,5 kn erreicht wurde.

Obwohl ihm die britische Admiralität für sein 1836 erteiltes Patent 4.000 Pfund gezahlt hatte, zeigte man vorerst kein Interesse an seinen Ar-

beiten. Als das mit seinen Schraubenrädern ausgerüstete Schiff des Kapitän Stockton 1839 nach New York ging, nutzte J. Ericsson die Gelegenheit und verlegte seine Wohn- und Arbeitsstätte nach Amerika. In den USA war man froh, diesen erfolgreichen Konstrukteur, nicht nur für Propellerantriebe, im Lande zu haben. Schon 1841 wurde er beauftragt, die Antriebsanlage für das erste in den USA durch einen Propeller angetriebene Kriegsschiff USS PRINCETON zu konstruieren. J. Ericsson nutzte jetzt nur noch eines seiner Schraubenräder. Als er kurz darauf die Speichen seiner Räder zusammen mit den Blättern jeweils zu einem Blatt gestaltete, war der Propeller ge-

Der schwedische Ingenieur John Ericsson als gefragter Konstrukteur in den USA. Quelle: Slg. H. Mehl

Ein spektakulärer Test – »Tauziehen« zwischen Raddampfer und Propellerschiff

Da beim damaligen Erzrivalen Frankreich nun auch erste Fortschritte bei der Entwicklung eines Propellers erzielt wurden, sah sich die britische Admiralität veranlasst, selbst ernsthafte Versuche und Erprobungen anzuweisen. Dass ein unter Wasser arbeitender Propeller für Kriegsschiffe vorteilhafter war als die Schaufelräder, davon waren fast alle höheren Marinebeamten überzeugt, ob er aber auch die gleiche und wenn möglich eine größere Vortriebskraft als zwei Schaufelräder erbrachte, sollten nun aufwendige Versuche beweisen.

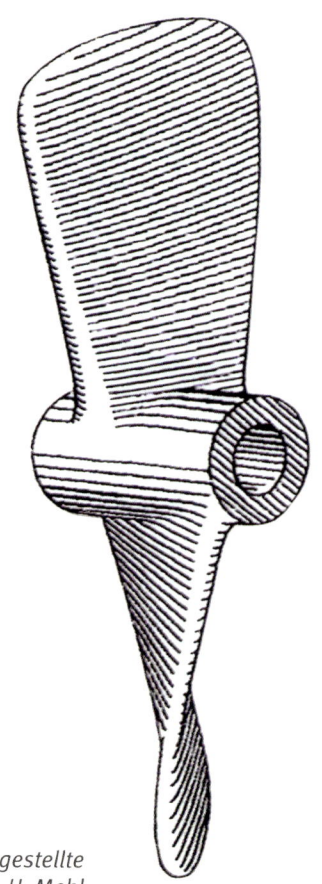

Der aus »Kanonenbronze« hergestellte Propeller der RATTLER. Skizze: Slg. H. Mehl

boren. In Fachkreisen gilt John Ericsson bis heute als der Erfinder des Propellers mit Flügel (Zitat von Warnecke). Am Rande sei vermerkt, dass Ericsson zusammen mit amerikanischen Schiffbauern im Bürgerkrieg 1861 – 1865 auch das erste eiserne, durch einen Propeller angetriebene und mit einem von ihm konstruierten Geschützturm ausgerüstete Kriegsschiff für die Unionsflotte baute. Dem als MONITOR bekannt gewordenen Schiff folgten noch weitere gepanzerte Schiffe dieser Art.

Zu diesem Zweck gab die Admiralität ein Versuchsschiff in Auftrag, das für Vergleichsfahrten die gleiche Wasserverdrängung und die gleiche Maschinenleistung wie eine vorhandene Radkorvette (Sloop) haben sollte. Das mit dem Namen RATTLER in Dienst gestellte Schiff war 53,8 m lang und verdrängte rund 800 ts. Als Antriebsmaschine war eine 4-Zylinder-Niederdruck-Maschine mit einer Leistung von 200 PS eingebaut. Der zweiflügelige Propeller wurde über ein einfaches Getriebe bei voller Fahrt auf 104 U/min gebracht (Propellerdaten s. Typenteil).

Nach ersten kleineren Probefahrten wurden nun Vergleichsfahrten mit der radgetriebenen Sloop ALECTO durchgeführt. Das Schiff hatte die gleiche Wasserverdrängung und die gleiche Maschinenleistung wie die RATTLER. Der erste Vergleich ging über eine Distanz von 80 Meilen bei Glattwasser. Die RATTLER mit Propeller holte hier schon mal einen Vorsprung von 23,5 Minuten heraus. Der zweite Vergleich wurde bei rauem Wetter mit etwa See 3 – 4 über 60 Meilen gefahren. Was von vornherein fast klar war: Die RATTLER holte hier wieder einen Vorsprung von 40 Minuten heraus. Aber die Admiralität wollte es nun genau wissen, und so wurde am 3. April 1845 mit öffentlichen Zuschauern eine Art Tauziehen zwischen der ALECTO und der RATTLER veranstaltet. Dazu wurden beide Schiffe über Heck mit zwei Schlepptrossen verbuntden und der Start zum Wettziehen freigegeben. Es dauerte nur wenige Minuten und

die RATTLER begann die ALECTO trotz voll vorauslaufender Schaufeln über das Heck abzuschleppen und das auch noch mit einer Geschwindigkeit von 2,8 kn. Obwohl nach diesen Versuchen der Weg für einen Propellervortrieb frei war, dauerte es noch geraume Zeit, bis auch bei der Royal Navy zumindest erste Fregatten mit Propellerantrieben, aber auch noch mit einer vollwertigen Takelage ausgerüstet wurden.

Mit der Einführung der Propeller wurde speziell für Marineschiffe nun die Forderung erhoben, wenn schon mit Propeller, dann aber bitte nicht beim Segeln, denn dann wirkte ja ein Propeller mit festen Blättern wie eine Bremse. Um der Forderung gerecht zu werden, projektierten und konstruierten Schiff- und Maschinenbauingenieure den Einziehpropeller.

Dazu wurde der Propeller über eine ausrückbare Kupplung mit der Propellerwelle verbunden und über ihm ein Schacht, auch Brunnen genannt, angeordnet. Bei Erfordernis konnte jetzt der Propeller nach dem Auskuppeln mit seinem Stahlrahmen nach oben in das Achterschiff gehievt werden. Da dieser Vorgang noch mit Manneskraft durchgeführt werden musste, wurden zum Hieven mittels Mehrfachtalje oft 100 Mann und mehr abgeteilt. Sollte der umgekehrte Vorgang einge-

Der Schleppversuch als Tauziehen zwischen der Radkorvette ALECTO und der Propellerkorvette RATTLER am 3. April 1845. Grafik: Slg. H. Mehl

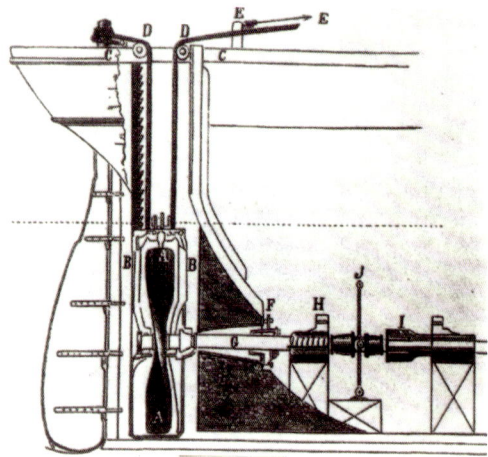

*Einziehbarer Propeller mit Hilfsrahmen
und Stangenkupplung.
Quelle: 140 Jahre Eisenschiffbau*

leitet werden, erteilte der Kommandant seinem 1. Offizier den Befehl: »Alles Zeug reffen, wir propellern« (aus einem alten Kadettentagebuch).

Mit Propeller über den Atlantik

Natürlich reagierten auch die Reedereien auf diese technische Neuheit und begannen schrittweise, erste Schiffe mit Propeller, oft noch als Hilfsantrieb, in Auftrag zu geben. Die bereits erwähnte GREAT BRITAIN wurde mit einem 6-flügeligen Propeller nach P. Smith ausgerüstet. Die hier bereits schräg gestellten Blattspeichen mit angenieteten Blattflächen folgten dem Vorbild der Ericsson'schen Propeller. Die GREAT BRITAIN war das erste eiserne Passagierschiff mit Propellerantrieb für den Atlantikdienst (s. Typenteil). Als erstes deutsches, noch aus Holz gebautes Schiff mit Propellervortrieb wurde 1847 in Lübeck die THAMES für die Reederei Robert M. Sloman gebaut. Der erste eiserne Schraubendampfer Deutschlands, ERBGROSSHERZOG FRIEDRICH FRANZ, wurde 1851 auf der Werft von A. Tischbein und W. Zeltz

in Rostock gebaut. Das Schiff verfügte über eine 60-PS-Dampfmaschine der Firma Buckau und war bereits mit einem 4-Blatt-Propeller ausgerüstet.

Die Reederei HAPAG stellte 1855 ihre ersten noch in England gebauten Schraubenschiffe BORUSSIA und HAMMONIA in Dienst. Die Jungfernreise der BORUSSIA (2.131 BRT) von Hamburg nach New York erfolgte 1856.

Schon bald wuchsen die Schiffe und damit auch die Antriebsmaschinen, so dass man bei den Passagierschiffen zum Zweischraubenschiff überging. Als erster deutscher Zweischrauben-Schnelldampfer wurde 1888/89 die AUGUSTA VICTORIA beim Stettiner Vulcan für die HAPAG gebaut. Unter den größeren Reedereien begann ein förmlicher Wettlauf für immer größere Schiffe für den transatlantischen Verkehr. Zum einen verzeichnete man eine schnelle Zunahme des Passagieraufkommens insbesondere durch die Auswanderer aus Europa, zum anderen wurde auch der Warentransport durch die schnelleren und sicheren Schiffe immer attraktiver. Anfangs bestellten vor allem britische Reedereien in schneller Folge immer größere Schiffe für ihre Liniendienste. 1888 und 1889 stellte die Reederei Inman & International Steam Navigation Company die Passagier- und Frachtschiffe CITY OF NEW YORK und CITY OF PARIS in Dienst. Mit ihren 10.500 BRT waren es damals die ersten Zweischraubenschiffe der Welt. Mit einer Durchschnittsgeschwindigkeit von 20 kn errang die CITY OF PARIS 1889 zugleich das Blaue Band für die schnellste Atlantiküberquerung.

Als Antrieb für diese neue Generation der Atlantik-Liner dominierten noch kohlegefeuerte Kessel und Kolbendampfmaschinen, deren Leistung und damit auch ihr Bauvolumen schnell wuchsen. Einen besonderen Leistungssprung brachte die Einführung der 3- und 4-fach-Expansion des Dampfes. Die erste 3-fach-Expansionsmaschine in Deutschland wurde 1883 bei Schichau in Elbing für den Dampfer NIERSTEIN gebaut. Für die durch die Maschinenbauer bereitgestellten Leistungen der Kolbenmaschinen mussten Propeller von bisher nicht gekannten Größen entwickelt und hergestellt werden. Der 1897 für den Norddeutschen Lloyd fertiggestellte Schnelldampfer KAISER WILHELM DER GROSSE verfügte bereits über zwei 3-fach-Expansionsmaschinen mit je vier Zylindern und einer Leistung von rund 14.000 PSi je Maschine. Zum Vortrieb wurden zwei 4-flügelig gebaute Propeller mit einem Durchmesser von 6.500 mm aufgezogen. Das Schiff war damals nicht nur das größte Passagierschiff der Welt, sondern errang 1897 bei seiner Jungfernfahrt mit 22,5 kn auch das Blaue Band für den NDL.

Theorie und Praxis machten Fortschritte

Während die ersten Propeller meist noch empirisch entwickelt wurden, befassten sich fortschreitend nun Hydromechaniker und Schiffbauingenieure mit der Theorie der Wirkungsweise eines Propellers und mit den an ihm wirkenden Kräften und Momenten. Genannt seien hier Forscher wie Macquorn Rankine (Strahltheorie),

David. W. Taylor (1864–1940), Robert Edmund Froude (1846–1924, Flügelblatttheorie) und später auch Karl Schaffran (1878–1945) und Hermann Föttinger (1877–1945, Schraubenwirbeltheorie). Aber auch in den Schiffswerften und bei den Herstellern von Propellern spezialisierten sich Schiffbauingenieure auf den Entwurf und die Projektierung bzw. Konstruktion von Propellern. Diese gefragten Ingenieure leisteten eigenständige Beiträge zur Weiterentwicklung der Propeller. Eine bedeutende Zäsur war die Anwendung der Bernoulli'schen Gesetze über das Auftreten von Kräften an umströmten Körpern und Profilen. Was bei der Luftfahrttechnik für Tragflächenprofile galt, musste ja auch bei rotierenden Propellerblättern gelten. Obwohl die Profilflächen am Propeller vergleichsweise klein waren, arbeitete dieser jedoch im Medium Wasser mit einer rund

Die Skizzen eines Propellers vom Schnelldampfer IMPERATOR zeigen die Profilwahl von der Wurzel bis zur Blattspitze, hier noch mit einer konstanten Steigung. Quelle: Schiffsmaschinenbau

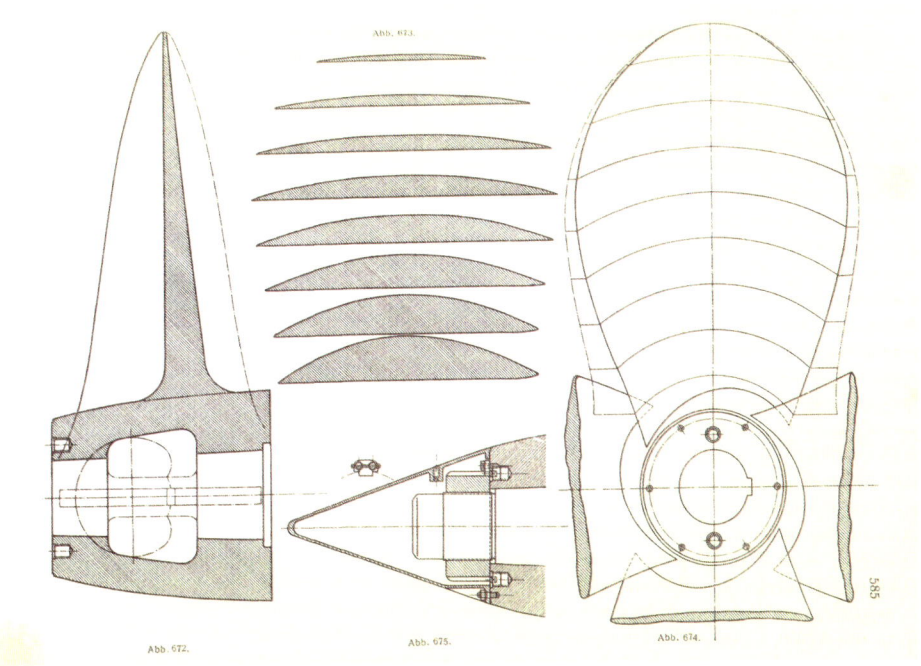

200-mal höheren Dichte als Luft. Folgerichtig gestaltete man die Propellerblätter mit Profilen, um so die auftretenden Kräfte für den Schub eines Propellers zu nutzen. Da die einzelnen Propellerblätter von der Wurzel an der Nabe bis zu den Blattspitzen bei der Rotation ja zunehmende Umfangsgeschwindigkeiten haben, wurden nun auch unterschiedliche Profile blattaufwärts gewählt.

Bald verfügte man über ganze Profilreihen, die je nach Größe des Propellers, Größe der Antriebsleistung und nicht zuletzt Größe der Schiffe zur Anwendung kommen. Ein wichtiges Detail war und ist auch die Steigung der Propellerblätter. Unter Steigung versteht man die Strecke, die ein Punkt auf der Blattfläche bei einer Umdrehung des Propellers in axialer Richtung zurücklegen würde. Sehr ähnlich passiert das bei einer Metallschraube, die bei einer Umdrehung ein bestimmtes Maß in ein Gewinde eintaucht. Nur, Wasser ist eben kein Gewinde. Zwischen dem Propeller und dem umgebenden Medium gibt es immer einen Slip, auch Schlupf genannt. Waren anfangs bei den Propellern die Blätter einfach nur schräg (mit einer Steigung) auf der Nabe angeordnet, ging man aufgrund des Gesagten auch zu einer veränderten Steigung von der Wurzel bis zur Blattspitze über. Gerade die Steigung bot ein breites Feld für Versuche und Experimente in Abhängigkeit der übertragenden Leistung und der Drehzahl. Gleiches galt für die Form der Blätter und ihren Flächeninhalt bzw. Flächenverhältnisse. Weltweit experimentierten Erfinder und Propellerdesigner mit unterschiedlichsten Formen und Flügelzahlen, ein Teil dieser Propellerausführungen gelangte auch zum praktischen Einsatz.

Zu denen, die sich mit Propellerfragen befassten, gehörte auch der Großherzog Friedrich August von Oldenburg. Als Besitzer der Dampfyacht LENSAHN hatte er durchaus Verständnis für technische Fragen und Schiffsführung. 1905 jedenfalls stellte er seine Idee für einen neuen Propeller vor, den er nach seinem Thronfolger Großherzog Nikolaus Niki-Propeller nannte. Die Idee bestand

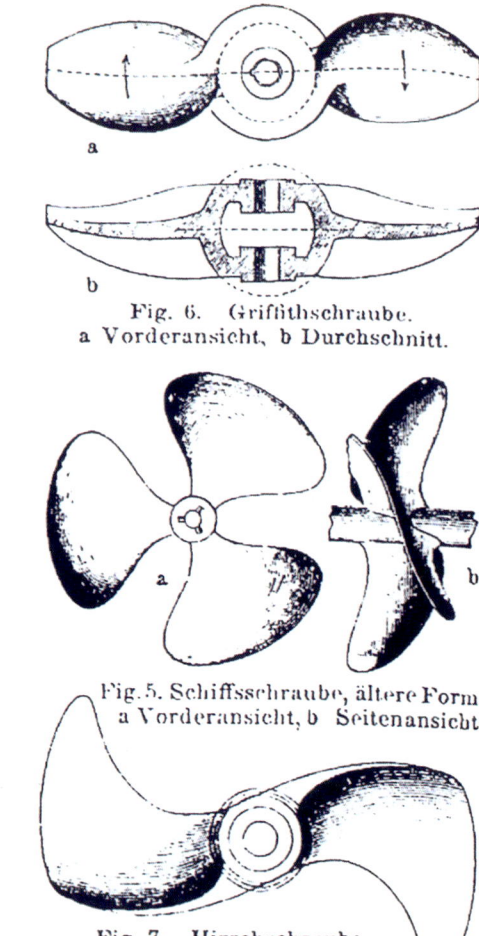

Fig. 6. Griffithschraube.
a Vorderansicht, b Durchschnitt.

Fig. 5. Schiffsschraube, ältere Form.
a Vorderansicht, b Seitenansicht.

Fig. 7. Hirschschraube.

Verschiedene Propellerformen in der frühen Entwicklungsphase.
Quelle: Taggesell, Bilddokumente

darin, dass die Blätter des Propellers nicht in einer Ebene, sondern axial versetzt angeordnet waren. Seine allgemeine Theorie war, die Blätter sollten sich bei höheren Drehzahlen nicht gegenseitig beeinflussen. Obwohl einige wenige Schiffe und Boote, darunter auch seine Yacht, mit diesen hergestellten Propellern ausgerüstet wurden, lehnten maßgebliche Fachleute diese Idee jedoch ab. Es blieb praktisch bei einer »Eintagsfliege«.

Ein Pionier bei der Erforschung der Wirkungsweise und den praktischen Ausführungen von Schiffspropellern war der Hamburger Maschinenbauer und Ingenieur Alfred Zeise (1861–1922). Bereits 1888 meldete er einen Schiffspropeller mit einem besonderen Steigungsverlauf zum Patent an. Zeise ging davon aus, dass ein größerer Schub eines Propellers durch eine vergrößerte Steigung von der Blattspitze zur Nabe hin erfolgte, womit zugleich die Flügelspitzen entlastet würden und diese verkleinert werden konnten. Erst später wurde untersucht und erkannt, dass Zeise-Propeller auch weniger der Kavitation ausgesetzt waren und geringere Schwingungen auf ein Schiff übertrugen. Zeise-Propeller waren in der Folgezeit weltweit gefragt, sein Unternehmen expandierte zu einem Marktführer für Propeller in Deutschland.

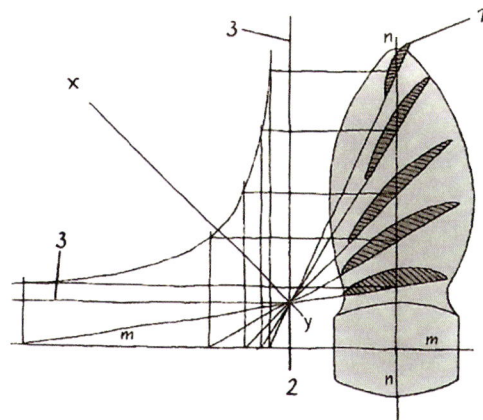

Zeise-Propeller mit radial veränderter Steigung waren ein wichtiger Meilenstein in der Propellergeschichte. Quelle: Jacobi, Maritime Miniaturen

Der sogenannte Niki-Propeller mit axial versetzten Blättern fand keine größere praktische Verbreitung. Skizze: Slg. H. Mehl

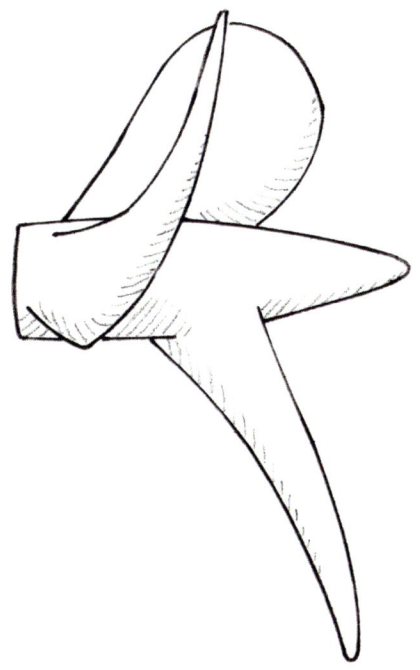

Erste Schiffe mit Dampfturbinen und Tandempropeller

Anlässlich des 60. Krönungsjubiläums der britischen Königin Victoria fand am 26. Juni 1897 auf der Reede von Spithead eine große stehende Flottenparade statt. An die 100 Kriegsschiffe der Flotten aus aller Welt waren mustergültig in eine Ankerformation eingeschwommen. Noch bevor die Königin einen Teil der Flotte beim Abfahren der Formation begrüßen konnte, raste urplötzlich ein kleines Dampfboot mit einer bis dahin nie erlebten Geschwindigkeit entlang der Ankerformationen. Das Charles Algernon Parson gehörende Boot mit Namen Turbinia war erstmals mit einer von ihm konstruierten Dampfturbinenanlage ausgerüstet und erreichte die damals sensationelle Geschwindigkeit von 34,5 kn.

Es wird natürlich angenommen, dass diese Demonstrationsfahrt des in der Presse als »Frechdachs« bezeichneten Bootes zwischen Parson und mindestens der mittleren Ebene der Admiralität abgesprochen war. Bessere Public Relations vor Kriegsschiffen aus aller Welt konnte sich Parson kaum wünschen.

Das Parson'sche Dampfboot Turbinia bei einer seiner Versuchsfahrten. Foto: Slg. H. Mehl

Seine Arbeiten zur Entwicklung einer Dampfturbine für Schiffsantriebe hatte Parson bereits 1880 begonnen. Nach ersten kleinen Versuchsturbinen gelang es bereits 1888, eine Turbine mit 120 PS Leistung erfolgreich zu testen. In der besagten Turbinia war zuerst nur eine Radialturbine mit einer Leistung von 960 PS für einen Propeller mit einer Drehzahl von 2.400 U/min eingebaut. Eine große Anzahl von Probefahrten mit verschiedenen Propellern veranlassten Parson schließ-

Das Achterschiff der Turbinia mit drei Wellen und neun Propellern. Skizze: Slg. H. Mehl

lich, eine Dreiwellenanlage mit drei Turbinensätzen, bestehend aus je einer Axialturbine mit Hoch-, Mittel- und Niederdruckteil, einzusetzen. Eines der Hauptprobleme bestand in der Wahl der Propeller. Da noch keine Untersetzungsgetriebe zur Verfügung standen, war die Frage, wie die vergleichsweise hohen Drehzahlen der Turbinen durch Propeller in Schub umgesetzt werden konnten. Bei seinem nur 44 t verdrängenden Boot wählte Parson schließlich drei kleine sogenannte Tandempropeller je Welle, so dass die Turbinia letztlich von neun Propellern mit einem Durchmesser von 460 mm angetrieben wurde.

Die Ergebnisse waren jedenfalls so beeindruckend, dass die britische Admiralität der Parson'schen Gesellschaft den Auftrag zur Entwicklung und Herstellung einer Turbinenanlage für einen Torpedobootzerstörer erteilte. Der dann 1899 in Dienst gestellte T-Bootzerstörer Viper verfügte bereits über eine Antriebsleistung von 10.000 PS und erreichte eine Höchstfahrt von 30 kn.

Die Kaiserliche Marine Deutschlands folgte 1905 mit dem kleinen Kreuzer Lübeck. Ebenfalls mit Dampfturbinen mit einer Leistung von 14.400 PS ausgerüstet, hatte der Kreuzer eine Vierwellenanlage mit zwei Tandempropellern je Welle (s. Typenteil). Das erste deutsche Torpedoboot mit einer Dampfturbinenanlage war das 1904 in Dienst genommene Boot S 125 von der Schichau-Werft in Elbing.

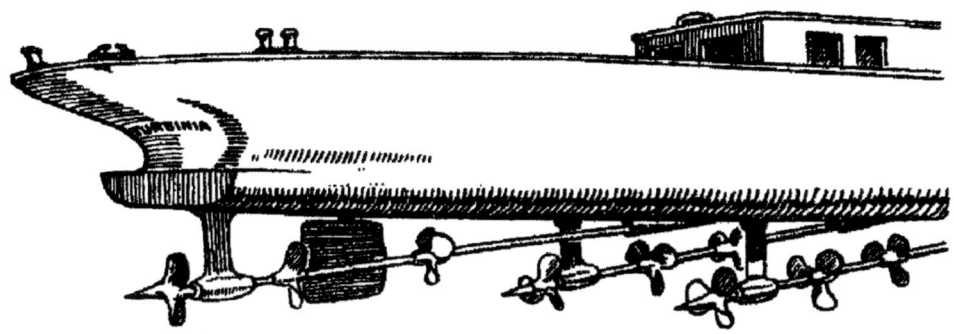

Die Atlantik-Liner erhalten Turbinenanlagen

Nach den ersten Erfolgen der Parson'schen Turbinen wurde bald klar, dass sie eine Alternative zu den am Ende ihrer Entwicklung stehenden Kolbendampfmaschinen waren. Auf der Grundlage von Lizenzen und eigener Weiterentwicklungen übernahmen schon bald auch andere Hersteller wie Curtis, de Laval usw. den Bau von Dampfturbinen für Schiffsantriebe. Bei allen Turbinenschiffen der ersten Generation blieb vorerst das Problem, dass mangels geeigneter Untersetzungsgetriebe die Turbinen mit ihren vergleichsweise hohen Drehzahlen direkt auf die Wellenanlagen gekuppelt werden mussten. 1906/07 wurden in England die ersten großen Atlantik-Liner MAURETANIA und LUSITANIA mit Turbinenantrieb auf vier Wellen gebaut. Die Turbinensätze mit einer Gesamtleistung von 70.900 PS waren direkt auf die Propellerwellen gekuppelt. Die Propeller hatten hier einen Durchmesser von 6.700 mm, als Reisegeschwindigkeit wurden schon 24,5 kn erreicht.

Bis Juni 1916 wurden weltweit schon 175 Schiffe mit Turbinenantrieben ausgerüstet (Warnecke). Höhepunkt des deutschen Schiff- und Turbinenbaus bei zivilen Schiffen waren sicher die 1928/29 für den NDL gebauten Schnelldampfer BREMEN und EUROPA. Mit AEG-Curtis-Turbinen mit einer Gesamtleistung von 100.000 PS erreichten diese Schiffe bei 180 Propellerumdrehungen eine Geschwindigkeit von 27,3 kn. Die Propeller hatten hier anfangs einen Durchmesser von 5.000 mm und wogen je 17 t.

Eine weitere Alternative zu den Kolbendampfmaschinen wurden dann turboelektrische Antriebe. Dampfturbinen erzeugten mit gekuppelten Generatoren die elektrische Energie, die Propeller wurden mit elektrischen Fahrmotoren angetrieben. Der Wirkungsgrad der E-Fahrmotoren lag bei 98 %, Drehzahlen konnten feinstufig geregelt werden, Rückwärtsturbinen konnten entfallen. Als erstes deutsches Passagier- und Frachtschiff mit turboelektrischem Antrieb wurde 1935 die POTSDAM für die HAPAG gebaut (später beim NDL).

Ein späterer Propeller der EUROPA vom NDL wird heute auf dem Grundstück einer Unternehmerfamilie für die Nachwelt erhalten (die ersten Propeller hatten eine etwas andere Flügelform, s. Typenteil). Foto: Slg. M. Weiss

Der Dieselmotor kommt hinzu

Die Entwicklungsarbeit und der Lebensweg des Erfinders und Ingenieurs Rudolf Diesel (1858 – 1913) sind in vielen Schriften und Büchern gebührend gewürdigt und niedergeschrieben worden. Sein Wärmekraftmotor leitete eine fast gleichwertige Revolution auf vielen Gebieten der Technik ein wie die Dampfmaschine. Interessant ist, dass Rudolf Diesel noch während seiner Versuche davon überzeugt war, dass diese Maschine auch für einen Schiffsantrieb geeignet war. Ob er die Vorteile im Einzelnen schon mal genannt oder disku-

Der geniale Erfinder Rudolf Diesel (1858 – 1913). Foto: Slg. H. Mehl

wurden allein für die Kessel- und Kohlenräume 90 m Raumlänge benötigt. Hinzu kam die für Reedereien nicht uninteressante Personalfrage zur Bedienung der Maschinenanlagen. Die genannte KAISER WILHELM II. hatte 19 Kessel und zum Aufmachen des Dampfes für seine Kolbenmaschinen waren allein 70 Heizer und Kohlentrimmer für drei Wachen erforderlich. Der Tagesverbrauch von 700 t Kohle wollte erst einmal geschaufelt sein! Dieselmotoren verlangten zwar gut ausgebildete Maschinisten und Motorenhelfer, aber nicht annähernd die genannte Zahl der Kesselheizer und Dampfmaschinisten.

Im Zuge der Herstellung dieser neuen Motorenart entwickelten einige Firmen neue Ideen zur Vervollkommnung des Dieselmotors. Motoren von Diesel waren bislang nur Viertaktmotoren, aber schon 1899 wurde der erste Zweitakt-Dieselmotor gebaut. Die MAN baute 1903 einen ersten 4-Zylinder-Viertaktmotor mit einer Leistung von 140 PS auf eigene Rechnung, den aber 1904 die kaiserliche Werft in Kiel für eigene Erprobungen erwarb.

Die weiteren Entwicklungsschritte des Dieselmotors sind nicht Gegenstand dieser Betrachtung, aber ein propellerrelevantes Problem muss erwähnt werden, und das waren die Drehzahlen der ersten Motorengeneration, die bei ihrer Nennleistung meist 400 U/min betrugen. Da diese Drehzahlen für optimale Propellerentwürfe unakzeptabel waren, wurden spätere Maschinenanlagen in der Regel mit Untersetzungsgetriebe ausgerüstet. Erst nach dem Zweiten Weltkrieg begann die Entwicklung langsam laufender Zweitakt-Großdiesel, die mit 90 bis 120 U/min zum Standard bei Schiffen mit Dieselmotorenantrieb wurden. Auf die Entwicklung von schnell laufenden Hochleistungsdieselmotoren wird im Zusammenhang mit Propelleranforderungen für Marineschiffe noch mal eingegangen.

tiert hat, ist nicht überliefert, aber spätestens nach dem erfolgreichen Lauf seines dritten Versuchsmotors (1897) war klar, dass dieser Motor einen fast doppelt so hohen thermischen Wirkungsgrad hatte wie alle damals vergleichbaren Dampfmaschinen. Das heißt, aus einer Tonne Brennstoff konnte mit diesem Motor die doppelte Leistung wie bei Dampfmaschinen erreicht werden.

Bald war auch abzusehen, dass der Raumbedarf im Schiff selbst bei größeren, leistungsstärkeren Motoren wesentlich geringer war als bei Anlagen mit Dampfmaschinen.

Zum Vergleich: Bei dem 1903 für den NDL gebauten Schnelldampfer KAISER WILHELM II.

Kontinuierliche Forschung und Entwicklung

Neben theoretischen Arbeiten und mathematischen Ansätzen zur Berechnung von Propellern erlangten praktische Versuche und Testreihen mit Schiffsmodellen und Modellpropellern eine zunehmende Bedeutung. Der bereits erwähnte Forscher R. E. Froude begann schon 1856 in Frankreich mit systematischen Versuchen mit Modellschiffen in Versuchsbecken. Schrittweise kamen dann später die Versuche mit Modellpropellern hinzu. Die Notwendigkeit von praktischen Versuchen zur Erforschung vieler Begleiterscheinungen am im Wasser arbeitenden Propeller ergaben sich auch daraus, dass anfänglich einige der auftretenden Erscheinungen mathematisch nicht ohne weiteres erfasst werden konnten.

Auch in Deutschland wurden schrittweise Forschungseinrichtungen geschaffen – hier Versuchsanstalt genannt –, die Möglichkeiten zur Forschung mit Schiffsmodellen wie auch an Propellern ermöglichten. Als erste Einrichtung dieser Art wurde 1892 eine Schiffbauversuchsanstalt in Uebigau bei Dresden gegründet. 1903 folgte die Königliche Versuchsanstalt für Wasserbau und Schiffbau (VWS) in Berlin mit Versuchsanlagen in Potsdam-Marquart. 1913 erfolgte dann die Gründung der Hamburgischen Schiffbau-Versuchsanstalt (HSVA) im Stadtteil Barmbek-Nord. Neben dem für Widerstands- und Propulsionsversuche erforderlichen Schleppkanal mit seinen Messeinrichtungen wurde hier auch frühzeitig eine Versuchseinrichtung für Schiffspropeller geschaffen (Kavitationstunnel). Durch die 1945 erfolgte Teilung Deutschlands war die spätere DDR weitestgehend von solchen Versuchsanstalten abgeschnitten. Der dann auf Befehl der sowjetischen Militäradministration erfolgte Auf- und Ausbau ostdeutscher Werften, in denen neben Reparationsleistungen der Schiffbau in Serienfertigung anlief, erforderte zwangsläufig den Aufbau einer eigenen Versuchseinrichtung. Eine solche wurde

Beispiel eines Kavitationstunnels für Propellerforschung. Quelle: Woitelle, Wie entsteht ein Kriegsschiff?

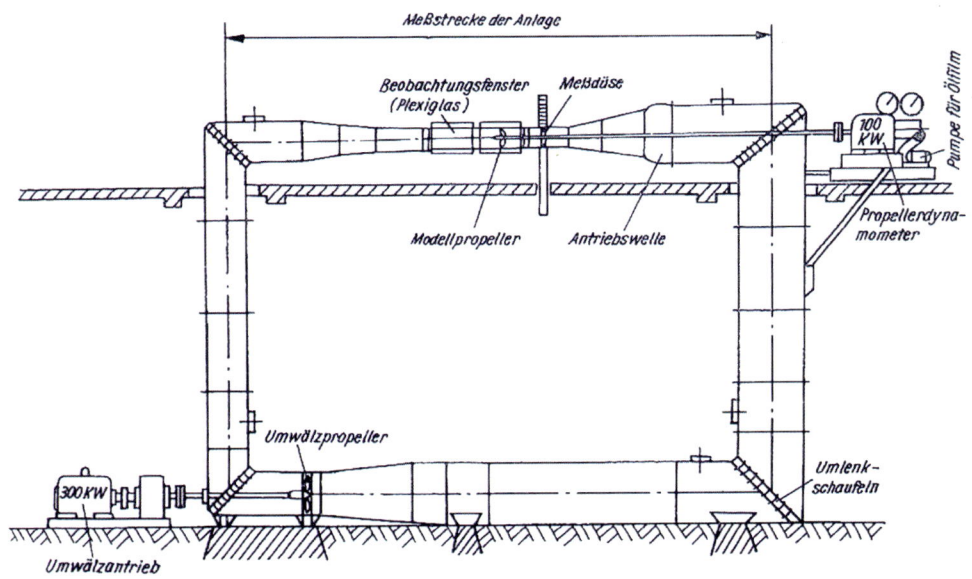

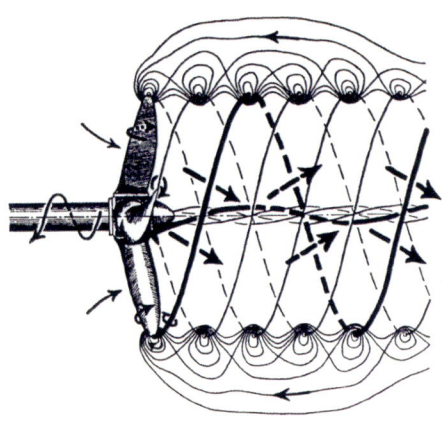

*Darstellung des Strömungsbildes eines
freifahrenden Rechtspropellers.
Quelle: Taggesell, Bilddokumente*

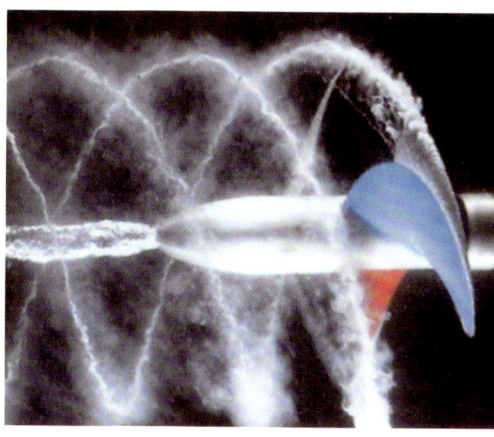

*Kavitationserscheinungen an einem
Modellpropeller im Prüftank mit Sichtfenster.
Foto: CSSC*

dann 1954 auf der Grundlage der in Potsdam-Marquart vorhandenen Anlagen ausgebaut und in Betrieb genommen.

Ein wichtiges Stichwort für Versuche mit Modellpropellern ist das Ähnlichkeitsgesetz. Es gestattet, viele Ergebnisse von Modellpropellern auf ähnliche Propeller in beliebiger Größe zu übertragen (Johow-Foerster). Damit erlangten Versuchsreihen mit Modellpropellern für die Vorbereitung der Fertigung eines Großpropellers eine enorme Bedeutung. Zu Propulsionsversuchen in Schleppkanälen wäre noch zu sagen, dass man sowohl Versuche mit freifahrendem Propeller wie auch Versuche mit Propeller am Schiff (Modell) durchführt. Mit einem freifahrenden Propeller konnten bei einer festgelegten Drehzahl das Drehmoment und der Schub ohne Einfluss eines Schiffskörpers ermittelt werden. Am Schiff dagegen unterlag der Propeller Strömungserscheinungen (Nachstrom), darunter auch Wirbel an Anhängen, die seinen Wirkungsgrad in der Regel beeinflussen.

Eine besondere Bedeutung für die Propellerforschung erlangten die in Betrieb genommenen Propellerprüftanks und Kavitationstunnel. Durch Sichtfenster und eine Stroboskopbeleuchtung konnten erstmalig Kavitationserscheinungen und andere Strömungsbilder am laufenden Propeller erkannt werden. Unter Kavitation versteht man übrigens einen Vorgang, bei dem an der Saugseite des Propellers Wasserteilchen durch Unterdruck bereits bei der Umgebungstemperatur verdampfen. Kommen sie wieder in Zonen höheren Drucks, kondensieren die Dampfblasen schlagartig und reißen dabei Metallteilchen aus der Blattfläche eines Propellers (Erosion). Kavitation führt so zur Beschädigung eines Propellers und natürlich auch zur Senkung seines Wirkungsgrades. Kavitationserscheinungen können besonders an schnell laufenden Marinepropellern auftreten, doch dazu später.

Natürlich wurden auch in anderen Ländern mit bedeutender Schiffbauproduktion hydrodynamische Forschungseinrichtungen gebaut, die ebenfalls durch Versuchsreihen Beiträge zur Propellerforschung lieferten (z.B. NSMB in Wageningen in Holland). Einige Versuchseinrichtungen im Ausland unterstanden Marinekommandos oder einer Admiralität. Dass auch die hinzugekommenen Schiffbauländer wie Japan, Korea und China solche Forschungseinrichtungen schufen, versteht sich von selbst.

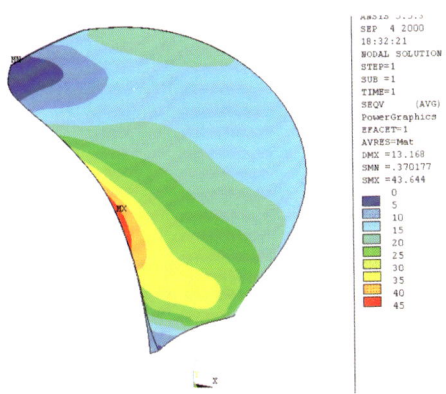

Das Ergebnis einer FEM-Festigkeitsberechnung an rechnergestütztem Arbeitsplatz sichert das Standhalten auch unkonventioneller Propeller bei allen Belastungssituationen. Foto: MMG

Verstellpropeller eines Minensuchbootes der Kondor-Klasse (Projekt 89) mit Eisschutzring. Foto: Slg. H. Mehl

Heute gehören zu den meisten Propellerherstellern eigene Forschungs- und Entwicklungsabteilungen, in denen mit modernsten Konstruktionstechnologien auf der Basis von CAD/CAM-Systemen an rechnergestützten 3-D-Arbeitsplätzen Propeller für jeden Schiffstyp entwickelt und optimiert werden. Nach wie vor sind Versuchsreihen mit Modellpropellern in Versuchsanstalten unverzichtbar.

Was muss ein Propeller leisten und aushalten?

Ein Propeller ist eine Arbeitsmaschine, deren Aufgabe es ist, die an sie übertragene Maschinenleistung in einen Schub für ein Schiff umzusetzen. Haben Schiffe wie beispielsweise Fähren oder Eisbrecher auch am Bug Propeller, dann ziehen diese das Schiff. Der Schub von Propellern wird in Tonnen gemessen, bei Schleppern nennt man das Pfahlzug. Während ein drehender Propeller sich förmlich in das Wasser hineinschraubt und dabei auch große Wassermassen bewegt, sind seine Blätter hohen Biegebelastungen (Biegemomente)

ausgesetzt. Zusätzlich wirken bei den Umdrehungen auch hohe Zentrifugalkräfte (Fliehkräfte), die die Propellerblätter auf Zug beanspruchen. Große Propeller von heute erreichen an den Flügelspitzen Umfangsgeschwindigkeiten von 45 bis 50 m/s, das sind rund 175 km/h, und das im Wasser! Propeller für Schiffe mit einer Eisklasse sind weiteren Belastungen ausgesetzt, müssen sie doch kurzzeitig oder dauernd (Eisbrecher) hohe Schlagbelastungen beim Fahren in festem oder gebrochenem Eis standhalten. Um solche Propeller beim Fahren im Eis etwas zu schützen, wurden in einigen Fällen vor den Propellern Eisschutzringe angeordnet.

Wie entsteht ein Propeller?

Nach den ersten für Versuche und Experimente meist handwerklich hergestellten Propellern übernahmen schon bald Maschinenbaubetriebe oder Gießereien die Herstellung für den schnell steigenden Bedarf der Schiffswerften. Bei vielen der ersten Ausführungen goss man anfänglich nur eine Art Nabe mit Speichen, an denen einfache eiserne Blattflächen zwar schon mit einer Steigung, aber ohne Profile angenietet wurden. Auch die Herstellung der ersten voll gegossenen, oft nur zweiflügeligen Propeller bereiteten erfahrenen Gießereien keine allzu großen Schwierigkeiten, vorausgesetzt, jemand lieferte ein Gussmodell. Diese Urmodelle wurden nach den Vorgaben der Propellerkonstrukteure von Modelltischlern in mühseliger Handarbeit hergestellt. Die Herstellung der Formkästen mit diesen Urmodellen war oft ein gut gehütetes Geheimnis. Etwas vorgreifend sei schon erwähnt, dass bis heute Gussformen mit hölzernen Urmodellen vorbereitet werden, nur mit dem Unterschied, dass diese Urmodelle von spezialisierten Unternehmen mit modernsten, numerisch gesteuerten Fräs- und Schleifmaschinen hergestellt werden.

Mit der kontinuierlichen Zunahme der Propellergrößen entwickelten Unternehmen auch neue

Technologien zum Vorbereiten der Gießformkästen oder Rondells. Dabei wurde auf einer gusseisernen Grundplatte mittig eine senkrechte Achse errichtet, auf der ein Steg mit Buchse zur Anbringung eines Streichbrettes aufgesteckt wurde. Entsprechend dem Durchmesser des Propellers wurden kreisförmig sogenannte Umfangsschablonen aufgestellt, und zwar so viele, wie Propellerblätter vorgesehen waren. Die äußeren Kurven dieser Schablonen entsprachen der vorgesehenen Steigung des Propellers. Der Raum zwischen Achse und Schablonen wurde dann mit Formmaterial – anfangs Formlehm, später Formzement – ausgefüllt und das Streichbrett an jeder Schablone so gedreht, dass dabei die Hinterseite der Propellerblätter entstand. Auf den so entstandenen Flächen wurden dann auf angezeichneten Punkten die Querschnittsschablonen aus dünnem Blech für die Profile der Blätter aufgestellt. Der Raum zwischen den Querschnittsschablonen wurde nun ebenfalls mit Formmaterial ausgefüllt und über diese Schablonen mit einem losen Streichbrett glatt gestrichen.

Prinzip der Herstellung eines Formkastens mit Umfangsschablonen, Streichbrett und Querschnittsschablonen. Quelle: Der Schiffsmaschinenbau, S. 571

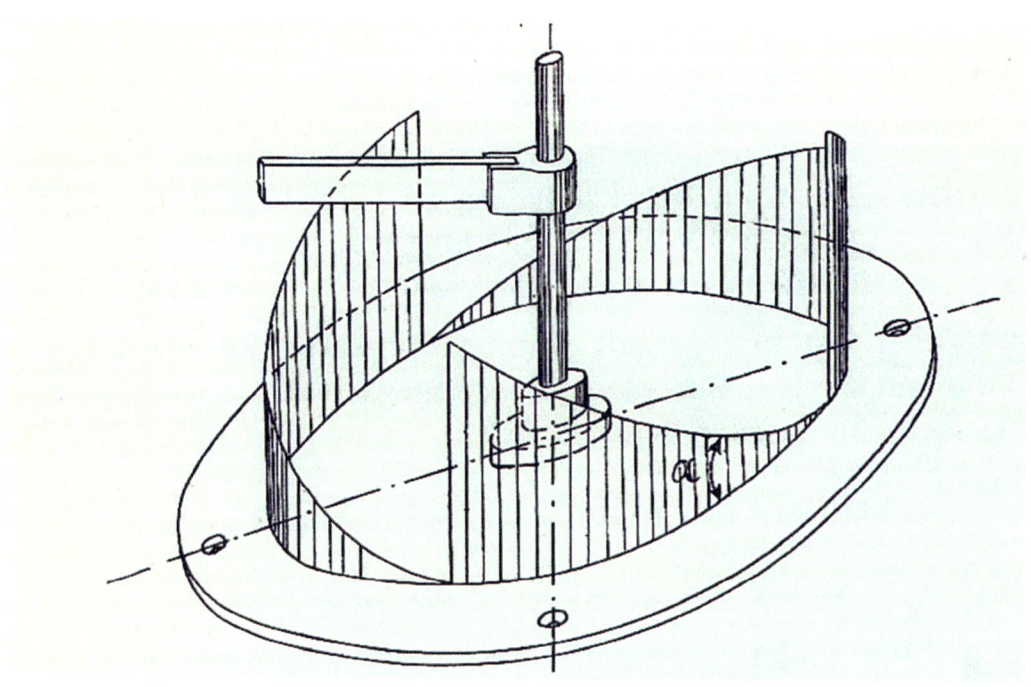

Vorbereiten einer Gussform mit hölzernem Urmodell. Foto: Piening Propeller

Nach dem Aushärten des Formmaterials wurden die Querschnittsschablonen entfernt, die entstandenen Fugen ebenfalls mit Formmaterial gefüllt und geglättet, so dass das Unterteil der Gussform nach dem Modellieren der Nabe und des Wurzelübergangs nach einem Isolieranstrich zum Herstellen des Oberteils genutzt werden konnte. War auch dieses ausgehärtet, konnte nach dem Trennen der beiden Formteile das Formmaterial zwischen den ehemaligen Profilschablonen entfernt werden und nach Anbringen des Eingusskanals und entsprechender Steiger (Entlüftungskanäle) der Guss erfolgen.

Schon lange durchgesetzt hat sich jedoch die Herstellung von Formkästen mittels Urmodellen aus Holz. Rationell wird hier meist nur ein Propellerflügel mit Nabe hergestellt, der dann beim Einformen schrittweise für die Anzahl der Blätter gedreht wird. Viele Schritte mit Auffüllen des Formmaterials, Isolieren des Urmodells und fertiger Flächen mit Formpuder ähneln der vorgenannten Methode. Nach Fertigstellung der eigentlichen

Gussform wird diese noch mit Formsand umgeben und mit Metallplatten umspannt. Diese Form ist vom Prinzip her eine verlorene Form, sie wird nach dem Erkalten, was bei großen Propellern acht Tage dauert, vollständig zerstört.

Mit der Propellerentwicklung einher ging auch die Entwicklung geeigneter Metalllegierungen, überwiegend Bronzen mit verschiedenen Legierungsbestandteilen. Um eine hohe Festigkeit zu gewährleisten, wurden anfänglich einige Propeller aus Kanonenbronze gegossen. Hauptbestandteile späterer Bronzelegierungen waren immer Kupfer und Zinn, wie sie auch früher beim Glocken- und Kanonenguss eingesetzt wurden. Schon bald nutzte man Mangan und auch Phosphor zur Verbesserung der Legierungen. Einige Metallurgen und Hersteller ließen sich speziell entwickelte Propellerbronzen patentieren. Als ein Beispiel sei hier

die sogenannte Rübel-Bronze aufgeführt (D.R.-Patent-Nr. 254660). Hauptbestandteile dieser Propellerbronze waren 40 Teile Zinn und 45 bis 50 Teile Kupfer. Dazu kamen Teile von Vanadium, Nickel, Mangan oder auch Aluminium (nach G. Bauer). Bei Schiffen mit Fahrten in Eiszonen – später mit Eisklasse – wurden Propeller aus Stahlguss gegossen, bei denen man die Korrosionsgefahr durch andere Legierungsbestandteile abminderte. Heutige Propellerhersteller bieten verschiedene maßgeschneiderte Legierungen an, die eng mit dem späteren Nutzer nach dessen Einsatzbedingungen abgestimmt werden. Bei Superpropellern mit Durchmessern von über 9 m müssen heute Gusschargen bis 200 t Gewicht bei einer Temperatur von ca. 1.000 °C bereitgestellt werden.

Nach einem gelungenen Guss und dem Erkalten eines Propellers erfolgt die mechanische Bearbeitung. Während früher auch die Blattflächen noch auf ihr vorläufiges Endmaß gefräst wurden, erfolgt heute der Guss schon so maßgenau, dass die Blattflächen nur noch mit maschinellen Bandschleifmaschinen auf Endmaße geschliffen werden. Gefräst werden in der Regel dagegen noch die Ein- und Austrittskanten der Blätter, deren genaue Form mittels Schablonen von Hand geschliffen

Vorbereitung der Formrondelle für große Propeller. Vorn die fast fertige Innenform, dahinter die verfüllte und mit Stahlblech ummantelte Endform. Foto: MMG

Das Fräsen der Eintrittskante eines Blattes auf einer numerisch gesteuerten Fräsmaschine. Foto: MMG

werden. Die Stirnflächen der Nabe werden plangedreht, die Bohrung für die Propellerwelle wird vorgebohrt, dann ausgedreht und gehont. Das Tragbild der Bohrung wird bei großen Propellern auf einer tuschierten Musterwelle geprüft und ggf. von Hand nachgeschabt. Die meisten Propeller haben heute einen Presssitz ohne Keile oder Federn.

Bevor heute ein Propeller den Hersteller verlässt, erfolgt eine unfangreiche Prüfung aller wichtigen Maße und ggf. mit Feinschliff noch eine Korrektur mit zulässigen Toleranzen. Für die Qualitätssicherung existiert heute ein durchgängiges System einschließlich der Prüfung und Zulassung durch Klassifikationsgesellschaften.

Von Escher Wyss 1981 hergestellter Verstellpropeller für das deutsche Forschungsschiff POLARSTERN. *Foto: H. Grobe, AWI*

Die Propellerhersteller

Als bedeutender Hersteller von Schiffspropellern profilierte sich in Deutschland u.a. das 1868 in Hamburg gegründete Unternehmen Theodor Zeise & Co. Ständig erweitert und modernisiert, war Zeise lange Zeit Marktführer bei der Herstellung von Schiffspropellern. Ab 1935 wurden bei Zeise Propeller fast ausschließlich für Marinebedarf hergestellt, so u.a. die Propeller für die deutschen Schlachtschiffe SCHARNHORST und GNEISENAU. Durch Luftangriffe der Alliierten 1945 stark zerstört, erfolgte nach dem Krieg ein Wiederaufbau mit fortlaufenden Modernisierungen. 1968 wurde bei Zeise der größte Propeller mit einem Durchmesser von 9.200 mm für den Tanker ESSO MERCIA gegossen. Es folgten noch viele Propeller für Fracht-, Passagier- und Spezialschiffe, jedoch musste das Unternehmen 1979 aus unterschiedlichen Gründen Konkurs anmelden.

Als bedeutender deutscher Propellerhersteller sind auch die Atlas-Werke am Weserufer zu nennen. Hier wurden 1928 u.a. auch die Propeller für die Schnelldampfer BREMEN und EUROPA hergestellt. Im gleichen Reigen sind auch die Firmen Schaffran, Ostermann in Köln (bis 1992), Piening Propeller in Glückstadt wie auch die Firma Schot-

tel zu nennen. Letztere hat sich besonders auf Verstellpropeller, Ruderpropeller, Twin-Propeller und Querstrahlanlagen spezialisiert und bietet heute ein breites Spektrum von Leistungsgrößen weltweit an. Als weiterer Spezialist für Verstellpropeller etablierte sich die Firma Sulzer Escher Wyss in Ravensburg (heute VA TECH Escher Wyss GmbH). Von der Firma wurde 1934 der erste Verstellpropeller mit hydraulischer Steuerung hergestellt.

Wie schon einmal erwähnt, war Ostdeutschland nach 1945 sowohl von Versuchsanstalten wie auch von Fertigungsstätten für Schiffspropeller abgeschnitten. Im Zuge des geplanten Auf- und Ausbaus großer Schiffswerften mit einem ab 1953 anlaufenden Exportprogramm für die damalige UdSSR war die Schaffung einer eigenen Propellerfertigung unumgänglich. Im Rahmen der staatlichen Planung wurde dafür die bereits 1875 in Waren an der Müritz gegründete Maschinenfabrik und Eisengießerei auserkoren. Mit großen Investitionen einschließlich Valutamitteln für den Import neuester Bearbeitungsmaschinen wurden in Waren Produktionsbereiche aufgebaut, die dann über Jahrzehnte den Propellerbedarf der ostdeutschen Werften mit Schiffsneubauten für das In- und Ausland abdeckten. Durch die Privatisierung der ehemaligen volkseigenen Betriebe kam der Propellerhersteller nach 1990 zeitweilig zum Bremer Vulkan. Nach dessen Konkurs ging der Betrieb wieder in Staatsbesitz über, wurde kurz darauf aber wieder privatisiert. Durch die neuen Eigner und Investoren, aber besonders durch die innovative Arbeit aller Angestellten begann eine neue Erfolgsgeschichte dieses Unternehmens. Als Mecklenburger Metallguss GmbH (MMG) ist dieser Betrieb heute Weltmarktführer für die Herstellung großer Superpropeller, auch für Schiffsneubauten in Fernost. 80 % aller bei der koreanischen Werft Samsung Heavy Industries gebauten Schiffe sind mit MMG-Propellern ausgerüstet! Zu nennen ist für Ostdeutschland auch noch ein Zweigbetrieb des DMR in Wismar, der auf die Projektierung und Herstellung von Verstellpropellern spezialisiert wurde (heute ein Unternehmen der Schottel-Gruppe).

Weltweit spezialisierten sich in allen Ländern mit bedeutendem Schiffbau Unternehmen auf die Herstellung von Schiffspropellern. Stellvertretend

seien hier kurz der schwedische Propellerhersteller KaMeWa (heute Rolls-Royce KaMeWa), das niederländische Unternehmen LIPS, der norwegische Hersteller Ulstein Propeller AS und für die USA die Bird-Johnson Company genannt, wobei Letztere der Hauptlieferant für Marineschiffe der US Navy ist.

Propeller für Marineschiffe

Grundsätzlich unterscheidet sich das Wirkprinzip eines Propellers für Marineschiffe nicht von den Propellern bei Handelsschiffen, aber Designer und Projektanten von Propellern für Marineschiffe hatten eine Reihe anderer Rahmenbedingungen bzw. Forderungen und Auflagen von Marinebehörden zu beachten. Bei Überwasserkriegsschiffen wie den Linien- und späteren Schlachtschiffen, Schlachtkreuzern, Kreuzern und erst recht bei Torpedobooten wurde in der Regel immer eine höchstmögliche Geschwindigkeit gefordert, selbst wenn diese nur über eine gewisse Zeit gehalten werden konnte. Geschwindigkeit war eine taktische Waffe, mit ihr konnten Kommandanten oder Flottenchefs versuchen, eine für sie beim Gefecht mit der Schiffsartillerie taktisch günstige Position einzunehmen. Bei den Torpedobooten und den folgenden Torpedobootszerstörern war eine

Mechanische Bearbeitung eines Propellers auf numerisch gesteuertem Fräswerk in den 70er Jahren in Waren. Quelle: VVB Schiffbau 1974

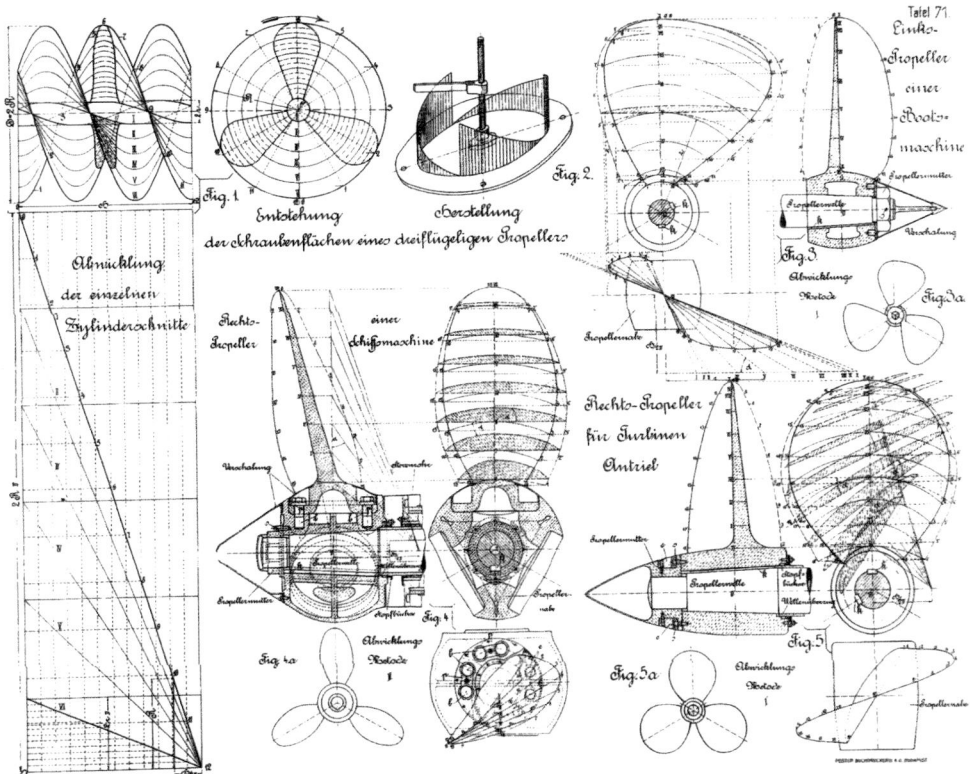

Konstruktion der Schiffsschraube.

hohe Geschwindigkeit eine Voraussetzung für einen Überraschungseffekt beim Angriff. Um die Forderung nach einer maximalen Geschwindigkeit zu erfüllen, mussten zuerst immer leistungsstarke Antriebsmaschinen entwickelt und bereitgestellt werden. Es ist deshalb nicht verwunderlich, dass die neuesten Entwicklungen bei Antriebsmaschinen zuerst immer für den Marinebedarf eingesetzt wurden. Um 1899 waren das noch ausschließlich Kolbendampfmaschinen, schrittweise auch schon mit einer 3- bzw. 4-fach-Expansion des Dampfes. Als ein Beispiel von vielen sei hier das nach dem Amtsentwurf 1892–1994 bei Blohm + Voss gebaute Panzerschiff 1. Klasse – später Linienschiff – S.M.S. KAISER KARL DER GROSSE genannt. Bei einer Wasserverdrängung von 11.785 t wurde es als Dreischraubenschiff projektiert und erhielt drei stehende 3-Zylinder–3-fach-Exp.-KD mit

einer Gesamtleistung von 14.175 PSi. Auf den Außenwellen waren Propeller mit einem Durchmesser von 4.500 mm und auf der Mittelwelle ein Propeller mit 4.200 mm Durchmesser aufgezogen. Die Höchstgeschwindigkeit wurde damals natürlich geheim gehalten, erst in Veröffentlichungen nach dem Ersten Weltkrieg findet man 17 kn als AK-Fahrt. Bei den völligen Achterschiffen dieser Typklasse (5 Schiffe) mussten die Propellerwellen weit nach achtern in Wellenböcken geführt wer-

Bergen eines Propellers des 1940 im Oslo-Fjord gesunkenen schweren Kreuzers BLÜCHER. Propellerdurchmesser 4.320 mm. Quelle: F. Binder, Schwerer Kreuzer Blücher

den, um entsprechend den Drehzahlen der Dampfmaschinen einen größtmöglichen Durchmesser der Propeller wählen zu können. Dass der Mittelpropeller kleiner ausgeführt werden musste, hängt mit dem erforderlichen Freischlag gegenüber der Heckkonstruktion zusammen. Bei den Torpedobooten standen zwar auch schon hochgezüchtete, spezielle Torpedobootsmaschinen zur Verfügung, aber bei diesen noch vergleichsweise kleinen Fahrzeugen musste die Propellerwelle aus dem Schiff schräg nach unten geführt werden, so dass der Propeller unterhalb der Kiellinie arbeitete. Ein Propellerschutz gegen Grundberührungen war in diesen Fällen unumgänglich. Größere Torpedoboote und Zerstörer erhielten später Zweiwellenanlagen. Ein Extremfall war der britische

Zerstörer SWIFT aus dem Jahre 1907, der bei einer Wasserverdrängung von nur 2.200 ts im Kampf um eine hohe Geschwindigkeit von 35 kn eine Vierwellenanlage erhielt (s. Typenteil).

In der weiteren Entwicklung wurden die Überwasserkriegsschiffe zwar mit größerer Länge über alles und schlankeren Heckformen ausgeführt, aber das Problem des Durchmessers der Propeller für große Schubkräfte blieb. Die Entwicklung der Marinepropeller ging deshalb in die Richtung, Propeller mit vergleichsweise großer Steigung und großen Blattflächen bei beschränktem Durchmesser einzusetzen. Bei den in den 30er-Jahren meist mit Getriebeturbinen ausgerüsteten Schiffen mussten immerhin rund 130.000 PS und mehr durch die Propeller in eine maximale Schubkraft umgesetzt werden. Italienische und auch deutsche schwere Kreuzer liefen um diese Zeit als Höchstfahrt über 30 kn.

Mit der Einführung der Flugkörperbewaffnung (FK) nach dem Zweiten Weltkrieg gingen die Forderungen nach höchstmöglichen Geschwindigkeiten zurück. Bei den großen Schussdistanzen dieser FK waren maximale Geschwindigkeiten für taktische Situationen nicht mehr erforderlich, dagegen blieb die Forderung nach einer hohen Marschfahrtgeschwindigkeit über große Fahrstrecken bestehen. Eine Ausnahme bis in die Zeit nach dem Zweiten Weltkrieg bildeten die Schnellboote mit Torpedobewaffnung. Bei den Propellern der mit Drei- und Vierwellenanlagen und mit Hochleistungs-Dieselmotoren ausgerüsteten Booten war das Problem der Kavitation fast eine einkalkulierte Erscheinung. Diese oft superkavitierenden Propeller wurden ebenfalls mit einem großen Steigungsverhältnis bei eingeschränktem Durchmesser ausgeführt. Ein Beispiel soll die hohen Belastungen dieser S-Boot-Propeller verdeutlichen. Bei den nach dem Zweiten Weltkrieg gebauten Kleinen Torpedoschnellbooten der Libelle-Klasse (Projekt 131, s. Typenteil) wurden drei russische Hochleistungsdieselmotoren des Typs M50 F-7 mit einer Leistung von je 1.200 PS mit einer Dreiwellenanlage vorgesehen. Bei Höchstfahrt drehten diese Motoren mit 1.850 U/min. Trotz einstufiger Untersetzung im Wendegetriebe von 1:0,7 drehten die Propeller bei Höchstfahrt immer noch mit 1.290 U/min. Natürlich war die Höchstfahrt wegen der Motorenbelastung zeitlich begrenzt, aber vermutlich sind solche Propellerdrehzahlen für jeden Konstrukteur ein Horror. Bei diesen Propellern wurde aber versucht, nach russischen Erfahrungen die Kavitation durch in jedem Flügel eingebrachte Druckausgleichsbohrungen von 16 mm Durchmesser einzudämmen. Bohrungen oberhalb der Flügelwurzel in ein Propellerblatt einzubringen, sicher ebenfalls eine Horrorvorstellung für Konstrukteure, aber dieses Verfahren war umfangreich in Kavitationstunneln getestet worden und wurde später auch noch bei Propellern für FK-Korvetten mit Gasturbinenantrieb genutzt.

Der Vollständigkeit halber seien noch einige Spezialfahrzeuge der Marine genannt, bei denen zum Vortrieb Propeller-Luftstrahltriebwerke (PTL) eingesetzt werden. Gemeint sind hier die soge-

Besagter Propeller eines KTS-Bootes der Libelle-Klasse mit Druckausgleichsbohrungen in den Blättern. Foto: Slg. H. Mehl

Sowjetisches Luftkissen-Landungsboot der Aist-Klasse (Projekt 1232.1), ausgerüstet mit vier PTL-Triebwerken mit einer Gesamtleistung von 17.650 kW. Foto: MBD-Striebling

nannten SES-Fahrzeuge, auch als Luftkissenfahrzeuge bekannt. Die überwiegend als Landungsfahrzeuge ausgelegten Projekte haben quasi an Oberdeck ihre aufgestellten PTL-Triebwerke mit speziell für diesen Zweck entwickelten Propellern, die von navalisierten Strahltriebwerken angetrieben werden. Auch der zum Auftrieb erforderliche große Verdichter wird hier durch ein Strahltriebwerk angetrieben. Im zivilen Bereich fanden lange Zeit Luftkissenfahrzeuge – allgemein auch als Hovercrafts bekannt – in Form von Schnellfähren Verwendung.

Auf den Einsatz von Voith-Schneider-Propellern bei Marineschiffen wird später noch einmal kurz eingegangen.

U-Boot-Propeller

Auch bei U-Booten ist das grundsätzliche Wirkprinzip der Propeller nicht anders als bei Überwasserschiffen, doch auch hier hatten und haben Propellerprojektanten wiederum Rahmenbedingungen zu beachten, die sich von Überwasserschiffen schon unterscheiden. Bekanntlich ist die Wasserverdrängung eines U-Bootes in Unterwasserfahrt größer als über Wasser. Hinzu kamen bei Unterwasserfahrt vermehrte Widerstandsgrößen durch die damals übliche Aufstellung mindestens eines Deckgeschützes. Der übliche U-Boot-Turm

ist unter Wasser auch nicht gerade ein strömungsgünstiger Körper, noch dazu oben offen und bei vielen U-Booten des Zweiten Weltkrieges auf dem sogenannten Wintergarten noch mit leichten Flakgeschützen bestückt. Konventionelle Diesel-U-Boote verfügten für die Überwasserfahrt über die größere Antriebsleistung, wogegen für die Unterwasserfahrt die Leistung der E-Fahrmotoren wesentlich geringer war. Für welches Fahrtregime sollte ein Propellerkonstrukteur die Propeller entwerfen? Für eine hohe Überwasserfahrt oder für eine maximale Unterwassergeschwindigkeit? Es ist ersichtlich, dass hier in den meisten Fällen Kompromisse eingegangen werden mussten. Die U-Boote bis zum Ende des Zweiten Weltkrieges erreichten über Wasser durchschnittlich 16 bis 18 kn und unter Wasser 7 bis 9 kn. Eine Ausnahme bildeten die deutschen U-Boote des Typs XXI, die für die Unterwasserfahrt mit 2x 1.840 kW über eine größere Antriebsleistung als für die Überwasserfahrt (2x 1.470 kW) verfügten. Diese Boote erreichten unter Wasser schon 17 kn.

Die meisten U-Boote bis zum Ende des Zweiten Weltkrieges hatten Zweiwellenanlagen. Auch dabei war es ein Problem, die zwei Propeller mit einem erforderlichen Durchmesser in dem Gewirr von Seiten- und Tiefenrudern und ggf. noch Ausstoßöffnungen für Hecktorpedorohre mit dem erforderlichen Freischlag unterzubringen. Ein weiteres Kriterium war, dass die Propeller nicht unterhalb der Kiellinie arbeiten sollten. U-Boote legten sich bekanntlich aus taktischen Gründen oft auf den Grund, wobei die Propeller auf keinen Fall beschädigt werden durften. In einigen Fällen wurden deshalb noch besondere Schutzbügel unter die Propeller gezogen. Eine Ausnahme, was die Anzahl der Propeller anbelangt, waren die nach dem Zweiten Weltkrieg in der Sowjetunion ab 1954 gebauten Diesel-U-Boote der Quebec-

Propeller des 1985 bei HDW in Kiel für Indien gebauten U-Bootes SHANKUSH vom Typ 1500. Foto: HDW

und Foxtrot-Klasse. Diese unter Wasser 540 t bzw. 2.500 t verdrängenden Boote hatten drei Propeller und sollen über und unter Wasser 16 und 18 kn erreicht haben.

Die meisten konventionellen U-Boote der Nachkriegsgeneration wurden mit Einwellenanlagen ausgeführt. Neue hydrodynamische Untersuchungen ermöglichten die Ausführung eines strömungsgünstigen Hecks mit hinter den Rudern arbeitenden Propellern. Auch entfielen bei diesen neuen Bootstypen in der Regel Hecktorpedorohre. Der Antrieb dieser Boote erfolgte nun ausschließlich durch einen E-Fahrmotor, wobei ein oder zwei Diesel-Generatorsätze die Spannung zum Laden der Batterien lieferten und bei Überwasserfahrt wahlweise auch auf den E-Fahrmotor geschaltet werden können. Zur Minimierung der physikalischen Felder dieser und späterer U-Boote wurden geräuscharme Propeller mit fünf bis sieben Blättern entwickelt, die zudem noch aus amagnetischen Werkstoffen hergestellt wurden. Bei Modernisierungen kamen dann auch schon weiterentwickelte Propeller mit Skew-back-Blättern zum Einsatz. Auf Propeller für Atom-U-Boote wird später noch einmal kurz eingegangen.

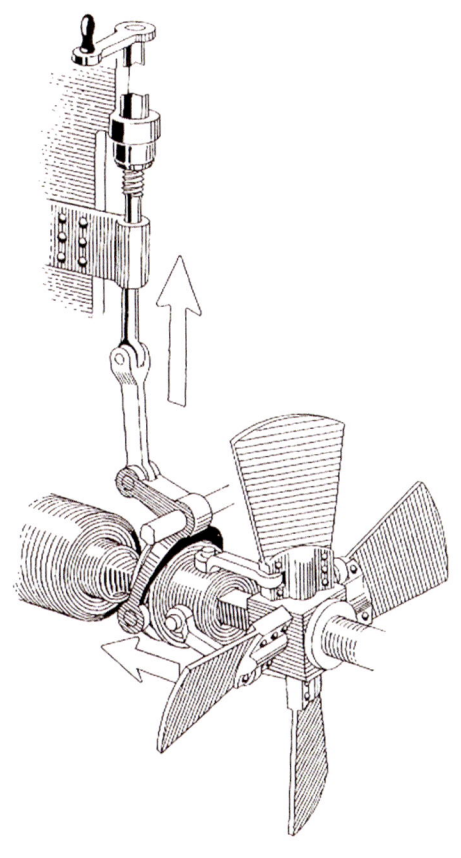

Verstellpropeller nach Bennet Woodcroft aus dem Jahre 1844. Quelle: Dudszus, Schiffstypen

Verstellpropeller, Ruderpropeller und Voith-Schneider-Antrieb

Im Rahmen der Entwicklung der klassischen Schiffspropeller als gebaute oder Ausführung mit festen Blättern entstand eine ganze Reihe neuer Konstruktionen, die bestimmte Vorteile erbrachten oder für spezielle Schiffstypen vorgesehen wurden. Als erstes Glied in dieser Kette ist der Verstellpropeller zu nennen. Das Vorhaben, einen Propeller zu entwickeln, bei dem während der Rotation die Flügel mit ihrer Steigung verstellt werden können, geht schon auf die Anfänge der Propellerentwicklung zurück. Der Engländer Bennet Woodcroft legte bereits 1844 eine Konstruktion für einen Verstellpropeller vor, bei dem das Verstellen der Blätter allerdings noch mit einem mechanischen Gestänge außerhalb der Nabe erfolgen sollte. Auch andere Erfinder wie Thomas Oxley, Joseph Mandsley und Robert Griffiths befassten sich mit Steuerungen für Propellerblätter, allerdings dauerte es noch eine geraume Zeit, bis praktisch verwendbare Konstruktionen realisiert werden konnten.

Erfolgversprechend waren Entwicklungen, bei denen die Steuerung der Propellerblätter in das Innere der Nabe verlegt wurde. Dazu wurden die Propellerblätter auf gefrästen Flächen der Nabe gelagert, je Blatt anfangs mit einem festen

Drehzapfen versehen und in der Nabe mittels sogenannter Kulissensteine gedreht. Die Kraft zum Drehen wurde bei ersten Verstellpropellern noch mit einer Schubstange innerhalb der hohlen Propellerwelle übertragen. Solche Art Verstellpropeller kamen vorerst nur bei kleinen Sportbooten und einigen Fischereifahrzeugen zum Einsatz. Erst die Entwicklung einer hydraulischen Kraftübertragung zum Drehen der Flügel ermöglichte die Herstellung größerer Verstellpropeller sowohl für Handels- wie auch später für Marineschiffe. Obwohl die Hamburger Firma Zeise bereits 1909 einen Verstellpropeller für die drei Blattpositionen Voraus, Stopp und Zurück anbot, kamen stufenlos verstellbare Propeller mit hydraulischer Steuerung erst 1934 durch die Firma Escher Wyss auf den Markt.

Mit dem zunehmenden Einsatz von Dieselmotoren als Antriebsmaschinen erlangten Verstellpropeller ebenfalls eine zunehmende Bedeutung. Mit ihnen konnten verschiedene Fahrregime eines Schiffes mit der Nenndrehzahl eines Dieselmotors – eine lastabhängige Drehzahlregelung vorausgesetzt – realisiert werden, was letztlich einem verschleißarmen Betrieb eines Dieselmotors zugutekommt. Dass stufen-

los steuerbare Verstellpropeller auch eine verbesserte Manövrierfähigkeit gewährleisten, liegt auf der Hand. Ein vermehrter Einsatz von leistungsstarken Verstellpropellern, womöglich noch mit Brückenfernsteuerung, war in den 30er-Jahren allerdings noch Zukunftsmusik. Erst mit der Wiederaufnahme des deutschen Schiffbaus nach dem Zweiten Weltkrieg wurden Entwicklungen eingeleitet, die hocheffektive Verstellpropeller mit bisher nicht realisierbaren Größenordnungen für den Schiffbau bereitstellten.

Ruderpropeller mit Kort-Düse der Firma Schottel, Schwenkbereich 360°. Foto: Schottel

Als eine weitere Unterart des klassischen Schiffspropellers wären die sogenannten Ruderpropeller zu nennen. Auch hier reichen Ideen und einige praktische Ausführungen bis in die Erfinderzeit des Propellers zurück. Auch der bereits mehrmals erwähnte österreichische Erfinder Josef Ressel befasste sich schon 1854 mit der Idee, seine Schraube am Heck eines Schiffes schwenkbar auszuführen und somit außer dem Vortrieb zugleich eine Ruderwirkung zu erreichen. Bis zu einer zuverlässigen technischen Realisierung dieser Idee verging jedoch noch eine geraume Zeit. Einen richtigen Durchbruch erreichte man erst, als es gelang, die für diese Art Z-Antrieb erforderlichen Kraftübertragungen in Form von Kegelradgetrieben zuverlässig auszuführen. Anfangs nur mit einem begrenzten Drehwinkel ausgeführt, ist heute ein Schwenkbereich von 360° Standard. Obwohl technisch aufwendig, erspart man sich hier nicht nur eine Ruderanlage, sondern zugleich auch ein Wendegetriebe bei nicht umsteuerbaren Motoren. Das bekannte Unternehmen Schottel bietet heute Ruderpropeller mit einer übertragenen Leistung bis 6.000 kW an. Ruderpropeller werden sowohl als frei arbeitende Propeller wie auch in Verbindung mit einer Kort-Düse gebaut. Wegen der guten Manövrierfähigkeit werden Ruderpropeller bevorzugt bei Schleppern, Spezialfahrzeugen wie auch bei Schwimmkranen vorgesehen. Über eine Weiterentwicklung in Form der Azipod-Antriebe wird noch zu berichten sein.

Eine weitere geniale Erfindung des Österreichers Ernst Schneider bereicherte die Gruppe der Propulsionsmittel bis in die heutige Zeit. Sein Vertikalachsenpropeller, später unter dem Namen Voith-Schneider-Propeller (VSP) bekannt geworden, war ursprünglich zunächst als »neuartige Wasserturbine« entwickelt und am 7. Dezember 1925 in Österreich als Patent angemeldet (Pat.-Nr. 105723). Erst in der weiteren Entwicklung und in enger Zusammenarbeit mit der Firma J. M. Voith in St. Pölten in Niederösterreich entstand eine Arbeitsmaschine zum Vortrieb von Schiffen. Wie bei den meisten Erfindungen gab es auch hier Vorläufer, die, einfach ausgedrückt, Seitenrad-Schaufelräder nun vertikal unter einem Schiffskörper rotie-

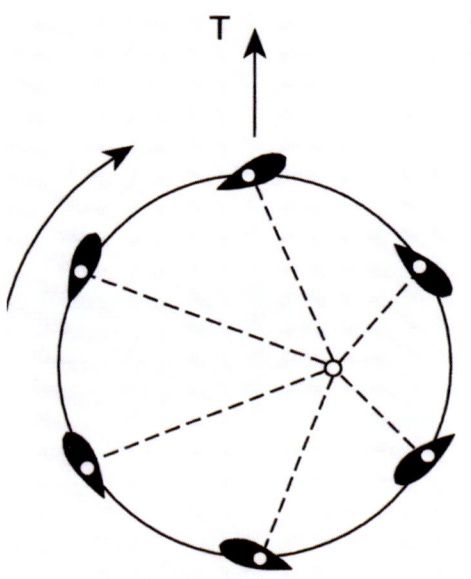

*Prinzip eines rechtsdrehenden Voith-Schneider-
Propellers mit Schubrichtung Voraus.
Skizze: Lars U. Scholl, Technikgeschichte*

ren ließen. Ernst Schneider dagegen wählte zwar auch eine unter einem Schiff um eine senkrechte Achse rotierende Blattanordnung, jedoch erbrachten seine mit einem Profil ausgeführten Blätter einen dynamischen Vortrieb. Folglich musste Schneider eine Steuerung seiner Blätter in ihren Drehpunkten wählen, und zwar so, dass sie in der 0°- und 180°-Position (rechtsdrehend) den größten Schub erbrachten, wogegen in den Positionen 90° und 270° eine Segelstellung mit möglichst geringem Widerstand eingenommen wurde.

Das Außergewöhnliche bestand weiter darin, dass Schneider mit seiner Steuerung der Vertikalblätter einen Schub nicht nur in Vorausrichtung, sondern in jeder beliebigen Richtung rund um 360° erzeugen konnte. Quasi stellte er damit eine gewisse Konkurrenz zu den Ruderpropellern dar. 1929 war die Entwicklung so weit gediehen, dass ein Versuchsboot mit einem VSP ausgerüstet werden konnte. Das mit dem Namen Torquedo (lat. ich

drehe) in Dienst genommene Fahrzeug hatte eine Antriebsleistung von 60 PS und der Flügelscheibendurchmesser betrug 800 mm. Nach den positiven Versuchsergebnissen wurde schon 1930 das Motorschiff Uhu des Bayrischen Lloyd mit einem VSP ausgerüstet. Wegen der ausgezeichneten Manövriereigenschaften der mit einem VSP ausgerüsteten Fahrzeuge wurde er bevorzugt bis heute bei Schleppern (Wassertrecker), Schwimmkranen und auch bei ausgewählten Marineschiffen eingesetzt. Bei einer Großausführung eines italienischen Bohrschiffes mit 12.000 t Wasserverdrängung beträgt der Drehscheibendurchmesser 4.000 mm und die Länge der sechs verstellbaren Blätter 2.500 mm. Heutige Antriebsleistungen bei Schleppern mit VSP bewegen sich in den Grenzen von 450 bis 1.500 kW.

Zur Familie der Propeller gehören schon seit längerer Zeit auch die, die in sogenannten Querstrahlanlagen eingesetzt werden. Waren sie früher nur als Bugstrahlruder vorgesehen, so verfügen heute nicht wenige Schiffe bereits über drei Querstrahlanlagen am Bug und zwei am Heck. Die durch diese Anlagen bedeutend verbesserte Manövrierfähigkeit ermöglicht es z.B. großen Kreuzfahrtschiffen, (fast) ohne Schlepperhilfe metergenau an ihren Liegeplätzen anzulegen. Um

*Heute im Deutschen Schiffahrtsmuseum,
Bremerhaven: Voith-Schneider-Propeller am
gebauten Schlepper Stier.
Foto: H.-J. Mehl*

diese Manövrierhilfen auch feinstufig einsetzen zu können, werden in den Querstrahltunneln auch Verstellpropeller eingesetzt. Querstrahlruderanlagen sind heute bei fast allen Schiffstypen bis hinunter zum kleinen Fahrgastschiff Standard.

Moderne Schiffspropeller heute

Die Entwicklung der Schiffspropeller in den letzten 20 Jahren war besonders durch das fast sprunghafte Anwachsen der Schiffsgrößen bei Containerschiffen, Massengutfrachtern wie auch bei den Kreuzfahrtschiffen gekennzeichnet. Galt bis vor Kurzem noch ein Containerschiff mit einer Stellkapazität von 8.500 TEU als »groß«, so ist heute weltweit bereits eine Reihe von Containerschiffen für 13.000 TEU und mehr in Fahrt gekommen und das Ende dieser Entwicklung ist noch nicht abzusehen. Ungeachtet der seit 2008 heraufziehenden Finanz- und Wirtschaftskrise scheinen die Schiffbaukonzerne in Fernost schon wieder neue Maßstäbe zu setzen. So hat Samsung Heavy Industries in Korea bereits einen neuen Megaboxer für 16.000 TEU

Verstellpropeller in einer Querstrahlruderanlage der Firma Ulstein. Propellerdurchmesser 1.880 mm, Antriebsleistung 1.100 kW. Foto: Ulstein

Das im Dezember 2008 in Dienst gestellte Containerschiff MSC DANIELA für 13.800 TEU. Länge ü.a. 366 m, Breite 51,2 m. Foto: MSC

entwickelt, und damit nicht genug, die südkoreanische STX Shipbuilding stellte 2008 auf der Schiffbaumesse Posidonia in Athen bereits den Generalplan für ein 22.000-TEU-Containerschiff vor (nach GL nonstop 3/2008).

Unmittelbar mit den genannten Entwicklungen mussten auch die Leistungen der Antriebsmaschinen Schritt halten. Da für die erwähnten Schiffstypen nach wie vor der Dieselmotor dominiert, mussten Motoren entwickelt werden, die heute Leistungen von mehr als 97.000 kW (131.920 PS) an die Welle abgeben. Die gängigen Antriebsleistungen mit rund 11.000 kW etwa aus dem Jahre 1968 wurden damit bis heute verzehnfacht! Auch in China werden heute mit MAN-Lizenz 14-Zylinder-Zweitakt-Motoren mit einer Leistung von 84.280 kW (114.620 PS) hergestellt.

Montage eines Superpropellers der MMG am 2005/06 gebauten Containerschiff EMMA MAERSK (Daten s. Typenteil). Foto: MMG

Zwangsläufig musste mit den gewachsenen Antriebsleistungen auch fast eine neue Generation von Schiffspropellern entwickelt werden, erst sie setzen letztlich die installierte Leistung in einen erforderlichen Schub um. Was da heute am Heck eines Mega-Boxers arbeitet, war vor 30 Jahren ebenfalls kaum vorstellbar. Nicht nur die Dimensionen mit Propellerdurchmessern größer als 10 m muten futuristisch an, auch die äußere Form erinnert eher an ein Riesenmesser für einen Fleischwolf. Um Mega-Containerschiffe mit einer durchschnittlichen Geschwindigkeit von 20 bis 22 kn voranzutreiben, bedurfte es Spitzenleistungen der Propellerkonstrukteure, die mit Nutzung modernster Rechentechnik Superpropeller auch unter Beachtung vieler anderer Kriterien entwerfen müssen. Ein grundsätzliches Kriterium war angesichts ständig steigender Kraftstoffkosten ein höchstmöglicher Wirkungsgrad jedes Propellers, d.h., die bereitgestellte Antriebsleistung musste optimal in einen höchstmöglichen Schub

*Moderner Verstellpropeller mit Skew-back-
Blättern für RoRo-Schiff Typ 750.
Foto: Wismarer Propeller- und Maschinenbau*

umgesetzt werden. In Abhängigkeit von der Antriebsleistung, der Nenndrehzahl eines Motors und einer ganzen Reihe weiterer Rahmenbedingungen, wie z.B. Beladungsfälle, Windlasten, Fahrtgebiete, Wind- und Seegangsverhältnisse, mussten Propeller entworfen werden, die nach Möglichkeit weitestgehend allen Anforderungen entsprechen sollen. Da das natürlich kaum möglich ist, müssen immer wieder Kompromisse eingegangen werden.

Auch die Festigkeit dieser Superpropeller ist ein wichtiges Kriterium, werden doch die Propellerblätter – wie schon erwähnt – mit großen Biegemomenten und Zentrifugalkräften belastet. Irgendwann kommt dann auch wieder die Kavitation ins Spiel und die ist, so der Propellerexperte K. J. Meyne, an den Propellerflügeln fast unvermeidbar. Die sollte sich jedoch möglichst so ausbilden, dass die Schwingungserregung in Grenzen bleibt und keine Erosion auftritt. Um die genannte Schwingungserregung wie auch die als Verlust anzusehenden Spitzenwirbel zu reduzie-

ren, ist man schon seit einiger Zeit zu Blattformen mit abgewinkelten Spitzen, dem sogenannten Skew-back-Design, übergegangen, wobei gleichzeitig Propeller mit 5 bis 7 Blättern heute Standard sind. So überdimensional diese Superpropeller auch erscheinen mögen, es sind Präzisionserzeugnisse, bei denen die Maßgenauigkeit nach Hundertstel von Millimetern gemessen wird.

Das Gesagte gilt natürlich uneingeschränkt auch für moderne Verstellpropeller, zumal auch hier Baugrößen erreicht wurden, die früher ebenfalls nicht vorstellbar waren. Die weltweit größten Verstellpropeller für eine Antriebsleistung von 34.000 kW (46.000 PS) wurden bislang vom japanischen Lizenznehmer Kawasaki Heavy Industries hergestellt. Verstellpropeller sind komplizierter, schwerer, aufwendiger und natürlich auch kosten-

*Azipod-Modul mit 2.200-mm-Propeller
und 1.620 kW Antriebsleistung.
Foto: Slg. H. Mehl*

intensiver als vergleichbare Festpropeller, werden aber heute wegen der Gewährleistung hervorragender Manövriereigenschaften der Schiffe und der Anpassung an optimale Drehzahlbereiche der Antriebsmaschinen schon bei vielen Schiffstypen und -klassen eingesetzt, Tendenz steigend.

Als moderne Vortriebsmittel mit Propeller seien hier auch die sogenannten Azipod-Antriebe, auch Propulsor genannt, aufgeführt. Die im Achterschiff starr oder schwenkbar eingesetzten Module sind vom Prinzip her ein dieselelektrischer Antrieb, bei dem in einem strömungsgünstigen Körper ein E-Motor eingebaut ist, der direkt ein oder zwei Propeller antreibt. Azipod-Antriebe werden heute bei Spezialschiffen wie auch bei Kreuzfahrtschiffen eingesetzt. So auch bei dem

bekannten Super-Liner QUEEN MARY 2, der über vier Azipod-Module verfügt, wobei hier die beiden vorderen starr und die hinteren schwenkbar um 360° angeordnet sind. Eine klassische Ruderanlage konnte so entfallen. Das Leistungsspektrum der z.B. vom Siemens-Schottel-Konsortium hergestellten Module reicht von 5.000 bis 20.000 kW mit Propellerdurchmessern bis 6.250 mm.

Auf einem sehr ähnlichen Prinzip basieren die vom Unternehmen Schottel hergestellten Twin-Propeller, wobei hier der Antrieb von zwei Propellern mechanisch über eine Art Winkelgetriebe erfolgt (s. a. Typenteil).

Auch für Marinebedarf modernste Schiffspropeller

Propeller für Marineschiffe wurden unter ähnlichen hydrodynamischen Aspekten wie bei den Handelsschiffen ständig weiterentwickelt, aller-

*Der moderne 7-Blatt-Propeller von Escher Wyss
mit Skew-back-Flügeln wurde auf der deutschen
Fregatte BREMEN der Klasse 122 erprobt.
Foto: Blohm + Voss*

dings war hierbei wieder eine Reihe anderer Anforderungen und Rahmenbedingungen zu erfüllen bzw. zu beachten. Da bis auf wenige Ausnahmen – z.B. bei High Speed-Patrouillenbooten – für mit Flugkörpern bewaffnete Schiffe keine absoluten Höchstgeschwindigkeiten mehr gefordert werden, wurden Antriebsanlagen und Propeller meistens für hohe Marschfahrtgeschwindigkeit und gute Manövrierfähigkeit ausgelegt. Viele Marineschiffe wie FK-Korvetten, FK-Fregatten und auch FK-Kreuzer verfügen heute als Antriebsanlagen über schnell laufende Hochleistungsdieselmotoren bzw. Kombinationen mit Dieselmotoren und Gasturbinen (CODAG) oder sogar Allregime-Gasturbinenanlagen (COGAG). Um solche Anlagen mit Untersetzungsgetrieben in günstigen, verschleißarmen Drehzahlbereichen zu betreiben, wurden große, schubstarke Verstellpropeller zum Standard. Das auch bei den modernen Marinepropellern schon seit einiger Zeit genutzte Skew-back-Design bei den

Blattformen reduziert hier nicht nur den Schwingungseinfluss, sondern trägt insbesondere zu einem geräuschärmeren Lauf der Propeller bei. Die Reduzierung des akustischen Feldes bei einem Überwasserkriegsschiff senkt auch den Störpegel während des Betriebes hydroakustischer Stationen zur Ortung von U-Booten und Minen.

Bei U-Booten steht die Senkung des Geräuschpegels rotierender Propeller von jeher im Mittelpunkt, kann doch hierdurch die frühe Ortung eines U-Bootes durch gegnerische Hydrostationen eingeschränkt werden. Als weiteres Verfahren zur Senkung des akustischen Feldes wurden für Überwasserkriegsschiffe Propeller entwickelt, bei denen in den Blättern Hohlka-

Die unterschiedlichen kontrarotierenden Propeller beim Versuchs-U-Boot USS ALBACORE. Foto: Portsmouth Maritime Museum

näle vorgesehen wurden, über die aus Bohrungen an den Eintrittskanten der Blätter während der Rotation Luft ausgeblasen wird. Dadurch wird zwar der Wirkungsgrad eines Propellers beeinflusst, aber der zeitweilige Betrieb hydroakustischer Anlagen erfolgt sowieso nicht bei Höchstfahrt, die Senkung des Geräuschpegels der Propeller z.B. bei der U-Boot-Suche steht hier im Vordergrund. Weitere Anforderungen betreffen die Werkstoffe für Marinepropeller. Propeller für Minensuch- und Jagdboote wie auch die für U-Boote werden generell aus schwachmagnetischen bzw. sogar aus amagnetischen Werkstoffen hergestellt. Die meisten der modernen U-Boote haben daher Propeller aus Bronzelegierungen oder auch aus amagnetischem Stahl. Bei neuesten Entwicklungen werden für U-Boote auch Propeller aus kohlefaserverstärktem Kunststoff (CFK) erprobt. Während die Nabe nach wie vor aus Metall ist, wird bei den Kunststoffflügeln die bessere Materialdämpfung zur Senkung des akustischen Feldes ausgenutzt.

Bei Verstellpropellern kommen zusätzliche Anforderungen für eine hohe Schocksicherheit gegen die Stoßwellen einer Unterwasserdetonation von Fernzündungsminen hinzu. Marineschiffe werden als Neubauten deshalb in der Regel angesprengt, wobei auch die sichere Funktion der Verstellpropeller getestet wird.

Bei Atom-U-Booten wäre noch anzumerken, dass zum Vortrieb hier sowohl Einwellenanlagen wie auch bei großen russischen U-Booten Zweiwellenanlagen ausgeführt wurden. Einige der großen russischen Atom-U-Boote haben außer den Hauptpropellern noch ausklappbare Hilfspropeller für Revierfahrt. Außer bei Torpedos wurden gegenläufige (kontrarotierende) Propeller bei modernen U-Booten nur erprobt bzw. bei russischen Atom-U-Booten auch vereinzelt ausgeführt. So bei dem 1952/53 in den USA als Versuchs-U-Boot gebauten USS ALBACORE, das auf einem verlängerten Wellendorn zwei gegenläufige Propeller hat. Der vordere Propeller hat einen Durchmesser von 3.263 mm mit 7 Flügeln, der hintere Propeller hat 6 Flügel mit einem Durchmesser von 2.684 mm. Bei nachfolgenden Atom-U-Booten wurden aber nur Einwellenanlagen mit einem Propeller ausgeführt (nur NAUTILUS hatte noch eine Zweiwellenanlage). Bei sowjetisch-russischen Atom-U-Booten wurden bei der Oscar I-Klasse (Projekt 949) Zweiwellenanlagen mit gegenläufigen Propellern ausgeführt.

Der Wirkungsgrad wird verbessert

Seit jeher war es das Bestreben der Hydrodynamiker wie auch der Propellerkonstrukteure, den Wirkungsgrad von Propellern und den Propulsionswirkungsgrad eines Schiffes in enger Zusammenarbeit mit den Schiffbauversuchsanstalten zu verbessern. Als frühe Maßnahme kann nach einigen Vorläufern hier die durch Ludwig Kort 1931/32 erprobte und dann eingeführte Kort-Düse genannt werden. Die Ummantelung eines Propellers mit einer Düse erbringt einen gezielten Zustrom des Wassers zum Pro-

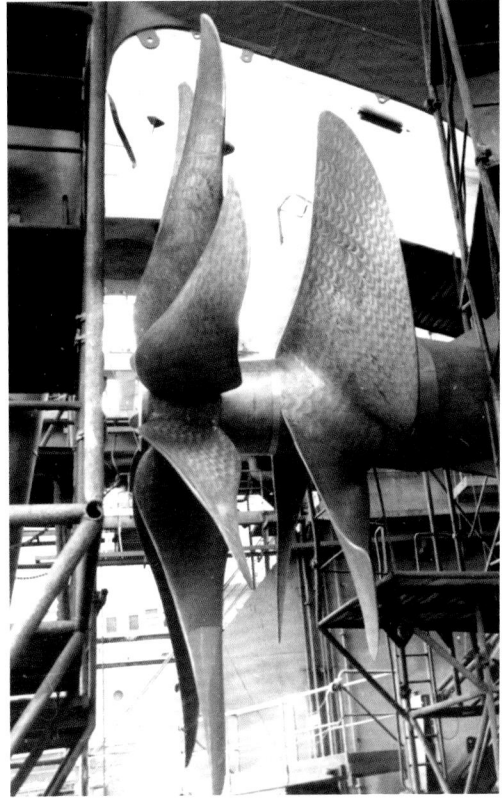

peller, wodurch dieser entlastet wird. Anderer-
seits wird im Einlauf der Düse das Wasser be-
schleunigt, wodurch hier der Druck gegenüber
dem Umgebungsdruck sinkt und die Düse selbst
nach vorn einen zusätzlichen Schub erbringt.
Kort-Düsen erhöhen weniger die Geschwindigkeit eines Schiffes, sie erhöhen aber den Pfahlzug bei Schleppern und die Schleppleistung von
Fischereifahrzeugen vor dem Netz. Sie werden
bis heute vornehmlich bei den genannten Schiffen ausgeführt.

Eine weitere Maßnahme zur Verbesserung
des Wirkungsgrades stellte das von Prof. Dr.-
Ing. Otto Grim (1911–1994) entwickelte und
nach ihm benannte Grim'sche Leitrad dar. Die
Idee war, die Drallströmung hinter einem arbeitenden Propeller durch ein sich frei drehendes Flügelrad auszunutzen. Bei dem mit einem
etwas größeren Durchmesser als der des Propellers ausgeführten Leitrad haben die un-
teren Teile der Flügel eine Art Turbinenprofil,

*Kort-Düsen bei dem 1960 gebauten
japanischen Schlepper BANDAI MARU.
Quelle: Osaka Shipbuilding Co.*

wodurch das Leitrad in Umdrehungen versetzt
wird, die äußeren Teile erhalten dagegen Profile und Steigung wie bei einem Propeller, so
dass bei der freien Rotation ein zusätzlicher
Schub entsteht. Man hat ermittelt, dass der Wirkungsgrad eines Propellers so um 3 bis 15 %
verbessert werden kann. Ca. 30 Schiffe wurden
mit solchen Leiträdern ausgerüstet, aber leider traten Probleme bei der Lagerung und der
Schmierung wie auch bei der Festigkeit dieser
Räder auf, so dass vorerst von dieser Variante
wieder Abstand genommen wurde. Vom Tisch
ist diese Methode jedoch nicht. Weiter zu nennen ist in diesem Zusammenhang die von Prof.
Dr.-Ing. H. Schneekluth entwickelte Leiteinrich-
tung im Nachstrom eines Schiffes. Auch diese
sogenannte Schneekluth-Düse optimiert den
Zustrom des Wassers zum Propeller und verbessert den Propulsionswirkungsgrad.

Der Zustrom zum Propeller kann ebenfalls optimiert werden, wenn man das Hinterschiff asymmetrisch ausführt. Diese kostenintensive Konstruktion wird zwar von den Werften gar nicht geliebt, aber heute sind bereits über 280 Schiffe mit einem asymmetrischen Hinterschiff ausgeführt, was letztlich auch zu einem geringeren Brennstoffverbrauch führt.

Eine weitere, neuere Entwicklung ist die sogenannte Mewis-Düse. Hier wird unmittelbar vor dem Propeller ebenfalls eine Art Düse angeordnet, in der noch Leitstege den Zustrom des Wassers zum Propeller optimieren. Auch hier haben Versuche ergeben, dass mit dieser Düse Kraftstoffeinsparungen von bis zu 6 % erreicht werden. Bei der von Becker Marine Systems entwickelten Variante liegen bereits zahlreiche Anfragen zur Nachrüstung von Schiffen vor (nach H. J. Witthöft).

In den folgenden Bildteilen wird eine Vielzahl ausgeführter Propeller für Handelsschiffe, Überwasserkriegsschiffe und U-Boote von den Anfängen bis heute dargestellt. Interessierte Leser können so die in der Einführung genannten Fakten und Ereignisse mit vielen Details nachvollziehen.

Hinterschiff mit Schneekluth-Düse beim 1985 gebauten Shell-Tanker DIALA.
Foto: GL, 1985

Ausgeführte Propeller von den Anfängen bis heute

Propeller für Handels- und Spezialschiffe

Propeller des Schraubendampfers GREAT BRITAIN

Der 1843 in England gebaute Schraubendampfer – Verdrängung 3.618 ts – war ursprünglich als Raddampfer konzipiert, erhielt aber nach einer neuen Konstruktion eine Antriebsanlage mit einem Propeller nach F. P. Smith. Der Durchmesser betrug 4.700 mm. An den 1.330 mm langen Speichen waren 840 mm breite Blätter angenietet. Mit einer Antriebsleistung von rund 1.000 PS wurden 11 kn erreicht. Die GREAT BRITAIN war der erste transatlantische Passagierdampfer mit Propellerantrieb.

Der rekonstruierte Propeller und Ruder.
Foto: Ships of the World 2/1990

Die GREAT BRITAIN kommt aus der Werft. Gemälde von J. Walter. Quelle: Lloyd's Register 1992

Propeller des Great-Lake-Dampfers INDIANA

Der 1848 in den USA gebaute Schraubendampfer erhielt einen Propeller nach John Ericsson. Die Nabe mit Wurzeln wurde gegossen, die eisernen Blätter sind angenietet. Dieser Propeller wird heute im Nationalmuseum für Amerikanische Geschichte in Washington aufbewahrt.

Der Propeller der INDIANA mit angenieteten Blättern. Foto: Slg. H. Mehl

Propeller des Passagierdampfers AUGUSTA VICTORIA

Der 1888/89 auf der Stettiner Werft Vulcan AG für die HAPAG gebaute Passagierdampfer war das erste in Deutschland gebaute Zweischraubenschiff. Seine zwei 3-fach-Exp.-KD brachten bei 89 U/min je 9.150 PS an die Welle. Das Schiff war mit gebauten Propellern mit einem Durchmesser von 6.700 mm ausgerüstet. Die mittlere Steigung betrug 6.750 mm und das Steigungsverhältnis 1,005 (abgewickelte Fläche 14,4 m²). Mit Volllast erreichte das Schiff 18 bis 19 kn.

Die AUGUSTA VICTORIA mit ihren Propellern auf der Helling der Stettiner Vulcan AG. Repro: Slg. H. Mehl

Propeller der Schnelldampfer SPREE und HAVEL

Die gebauten Propeller für die genannten Schnelldampfer wurden 1890/91 von der Friedrich Krupp
AG in Essen gefertigt. Noch mit kugeliger Nabe,
haben sie einen Durchmesser von 6.850 mm. Die
für den NDL gebauten Schiffe waren mit 6.986 BRT
vermessen, als Antriebsmaschinen waren Kolbendampfmaschinen mit einer Gesamtleistung
von 12.500 PS vorgesehen, womit eine Geschwindigkeit von 19 kn erreicht wurde (Probefahrt sogar
20,3 kn).

*Ein Propeller dieser Schiffe, 1893 als Exponat
auf der Weltausstellung in Chicago, wird
heute am Deutschen Museum in München
für die Nachwelt erhalten. Foto: Slg. H. Mehl*

Propeller des Schnelldampfers KAISER WILHELM DER GROSSE

Der 1897 für den Norddeutschen Lloyd (NDL) fertig-gestellte Schnelldampfer (14.349 BRT) verfügte mit 19 Kesseln und Kolbendampfmaschinen über eine Antriebsleistung von rund 28.000 PS. Der Tages-verbrauch an Kohle betrug 700 t. Die zwei gebauten Propeller hatten einen Durchmesser von 6.500 mm, die Steigung betrug 10.000 mm (Steigungsverhält-

nis 1,57). Gleich auf der ersten Fahrt nach New York errang das Schiff mit einer Durchschnittsgeschwin-digkeit von 21,35 kn das Blaue Band für den NDL.

Die mit Wellenhosen weit achtern angeordneten Propeller des KWDG. Foto: Archiv IMMH

KAISER WILHELM DER GROSSE am Ausrüstungskai des Stettiner Vulcan. Foto: Archiv IMMH

Propeller des britischen Schnelldampfers OCEANIC

Die RMS OCEANIC wurde 1897/99 auf der Werft
Harland & Wolff in Belfast für die White Star Line
gebaut und war kurzzeitig das größte Schiff der
Welt. Die Antriebsanlage des 17.274-GRT-Schiffes
bestand aus zwei 3-fach-Exp.-KD mit einer Leistung von je 14.000 PS. Die gebauten Propeller
hatten einen Durchmesser von 7.300 mm, womit
eine Geschwindigkeit von 21 kn erreicht wurde.
Das Schiff lief am 8. September 1914 auf die Klip-
pen der Shaalds of Foula und versank nach einem
Sturm am 28. September 1914.

*Die OCEANIC mit ihren Propellern
am 26. August 1899 im Dock von Liverpool.
Foto: Archiv IMMH*

Die OCEANIC vor Anker beim Kohlen. Foto: Slg. H. Mehl

Propeller der Dampfyacht TARANTULA

Nach dem Versuchsboot TURBINIA von Parsons wurden weitere Schiffe mit Dampfturbinen ausgerüstet, die in Ermangelung geeigneter Untersetzungsgetriebe mehrere sogenannte Tandempropeller auf einer Welle hatten. Ein Beispiel war 1902 die bei Yarrow & Company in London gebaute Dampfyacht TARANTULA, die mit ihrer Dreiwellenanlage ebenfalls auf neun Propeller kam.

Die für Mr. William K. Vanderbild Jr. gebaute Yacht hatte als Antriebsmaschinen ebenfalls drei Parsons-Turbinen.

Die TARANTULA mit ihren neun Tandempropellern. Repro: Slg. H. Mehl

Propeller des britischen Schnelldampfers Lusitania

Die 1906/07 auf der Werft John Brown & Co. in Schottland für die Reederei Cunard gebaute LUSITANIA hatte eine Vermessung von 31.550 GT. Sie und ihr Schwesterschiff MAURETANIA waren die ersten Vier-Schrauben-Atlantik-Liner. Als Antrieb dienten von der Werft gebaute Turbinensätze. Mit ihren vier Propellern – jeder mit 6.700 mm Durchmesser – erreichte das Schiff eine Reisegeschwindigkeit von 24 bis 25 kn. Die LUSITANIA wurde am 7. Mai 1915 vom deutschen U-Boot U 20 versenkt, wobei 1.198 Menschen den Tod fanden.

Anordnung der Dreiblatt-Propeller und Ruder bei der LUSITANIA. Foto: Slg. H. Mehl

Die LUSITANIA im September 1907 an der Ausrüstungspier. Foto: Slg. H. Miller jr.

Propeller der Passagierdampfer OLYMPIC und TITANIC

Die Propelleranordnung der OLYMPIC entspricht der des tragisch bekannten Passagierdampfers TITANIC. Die bis 1911 bei Harland & Wolff für die White Star Line gebaute OLYMPIC hatte eine Dreiwellenanlage. Auf den Außenwellen waren gebaute 3-Blatt-Propeller mit einem Durchmesser von 7.150 mm aufgezogen, während auf der Mittelwelle ein 4-Blatt-Festpropeller mit einem Durchmesser von 5.420 mm arbeitete. Für die Außenwellen waren zwei 3-fach-Exp.-KD, für die Innenwelle dagegen eine Niederdruckturbine. Mit einer Gesamtleistung von 50.000 PS wurden 21 kn erreicht.

Instandsetzung des beschädigten Bb.-Propellers der OLYMPIC. Foto: Slg. H. Mehl

Die unterschiedlichen Propeller der TITANIC. Foto: IMMH

Propeller des Schnelldampfers IMPERATOR

Die am 23. Mai 1912 bei der Vulcan AG, Werk Hamburg, vom Stapel gelaufene IMPERATOR war mit 57.430 t zu dieser Zeit das größte Schiff der Welt. Das für die HAPAG gebaute Schiff hatte eine Vierwellenanlage mit Vulcan-Turbinensätzen mit einer Gesamtleistung von 84.000 PS (18.750 PS je Welle). Da noch keine Untersetzungsgetriebe zur Verfügung standen, waren die Turbinen direkt auf die Wellen gekuppelt. Die Propeller hatten einen Durchmesser von 5.080 mm, die Steigung betrug 4.420 mm und die abgewickelte Fläche Fa 11,35 m² . Jeder Propeller wog 16 t. Mit 185 U/min wurde eine Geschwindigkeit von 23,6 kn erreicht.

Die vier Propeller und das Ruder der IMPERATOR. Quelle: Schiffsmaschinenbau

Die IMPERATOR beim Kohlebunkern (Vorrat 8.500 t). Foto: Slg. H. Mehl

Die britische AQUITANIA und ihre Propeller

Die AQUITANIA war der letzte Atlantik-Vier-Schornsteiner, den die Reederei Cunard in Auftrag gab. Das im Mai 1914 abgelieferte Schiff hatte eine Vermessung von 45.647 BRT und war mit einer Vierwellenanlage mit Dampfturbinensätzen der Bauwerft John Brown & Co. Ltd. ausgerüstet. Die vier Festpropeller, Durchmesser 5.900 mm, ermöglichten bei einer Maschinenleistung von 62.000 PS eine Reisegeschwindigkeit von 23 kn.

Der Bb.-Innenpropeller und das Ruder der AQUITANIA. Quelle: Große Zeit der Luxusliner

Die AQUITANIA bei einer Atlantiküberquerung. Foto: IMMH

Propeller des Turbinenschiffes NEW YORK

Die NEW YORK, Bau-Nr. 474, wurde als viertes Schiff der Albert Ballin-Klasse bei Blohm & Voss gebaut und am 12. März 1927 an die HAPAG abgeliefert. Das mit 21.455 BRT vermessene Schiff – später mehrfach umgebaut – hatte anfänglich »nur« eine Antriebsleistung von 14.000 PS und erreichte damit 16,5 kn. 1930 erhielt das Schiff neue Kessel und Turbinen mit nunmehr 29.000 PS, womit jetzt 18,5 kn erreicht wurden. Die beiden gebauten Propeller hatten hier einen Durchmesser von 5.200 mm.

Montage eines gebauten Propellers an der NEW YORK. Foto: Blohm & Voss

Das schmucke Turbinenschiff NEW YORK der HAPAG. Foto: Slg. H. Mehl

Propeller des Fracht- und Fahrgastschiffes Monte Cervantes

Die Monte Cervantes war eines von fünf etwa typgleichen Fahrgastschiffen (Monte-Klasse), die die Werft Blohm & Voss für die Hamburg-Südamerikanische Dampfschifffahrts-Gesellschaft (Hamburg-Süd) baute. Die mit 14.140 BRT vermessene Monte Cervantes wurde am 3. Januar 1928 an die Hamburg-Süd abgeliefert. Als Antrieb wurden je zwei MAN-Diesel über Verbund- und Untersetzungsgetriebe auf eine Welle gekuppelt (Wellenleistung je 3.400 PS). Die zwei gebauten Propeller hatten einen Durchmesser von 5.300 mm. Mit 76 Propellerumdrehungen konnten 14 kn gelaufen werden.

Während einer Südlandfahrt lief das Schiff am 22. Januar 1930 im Beagle-Kanal (Feuerland) auf ein unbekanntes Riff und sank. Alle Passagiere und Besatzungsmitglieder bis auf den Kapitän konnten gerettet werden.

Die Monte Cervantes der Hamburg-Süd im Hafen. Foto: IMMH

Die baugleichen Propeller des Schwesterschiffes Monte Olivia. Foto: IMMH

Die gekenterte Monte Cervantes im Beagle-Kanal. Foto: IMMH

Propeller der Turbinenschiffe Bremen und Europa

Die 1927 bis 1930 für den Norddeutschen Lloyd gebauten Passagierschiffe Bremen, gebaut bei der A.G. »Weser« in Bremen, und Europa, gebaut bei Blohm & Voss in Hamburg, waren in ihrer Zeit die Flaggschiffe des deutschen Schiffbaus und der deutschen Seeschifffahrt. Mit ihren leistungsstarken Turbinenanlagen auf vier Wellen, Gesamtleistung 134.400 PS, wurden sie mit einer Durchschnittsgeschwindigkeit von 27,91 kn zu wahren Atlantik-Rennern und eroberten auch prompt das Blaue Band. Ihre von den Atlas-Werken hergestellten Propeller hatten einen Durchmesser von 5.000 mm, eine Steigung von 5.200 mm und wogen je 17 t.

Die baugleichen Propeller der Bremen. Foto: IMMH

Die Europa mit Geleit beim Auslaufen aus Hamburg. Foto: Blohm & Voss

Propeller des Schnelldampfers QUEEN MARY

Die am 26. September 1934 bei der Werft John
Brown & Co. in Clydebank vom Stapel gelaufene
QUEEN MARY (81.235 GT) hat eine Vierwellenanlage mit Dampfturbinensätzen. Die Propeller haben einen Durchmesser von 5.480 mm und
wiegen je 32 t. Mit einer Durchschnittsgeschwindigkeit von 29 kn errang das Schiff zweimal das
Blaue Band für die Reederei Cunard (1936, 1938).
Ab 1940 erfolgten Einsätze als Truppentransporter. Heute liegt die »QM« als Hotel- und Museumsschiff in Long Beach in Kalifornien.

Einer der vier Propeller der »QM«.
Foto: Slg. H. Mehl

Die QUEEN MARY an ihrem heutigen Liegeplatz in Long Beach. Foto: Slg. H. Mehl

Die UNITED STATES und ihre Propeller

Das 1950/52 bei Newport News Shipbuilding für die United States Line gebaute Passagierschiff stellte, was die Geschwindigkeit eines Schiffes dieser Größe anbelangt, die Krönung bei den Atlantik-Linern dar. Mit einer Verdrängung von 53.349 t hat das Schiff eine Vierwellenanlage mit Dampfturbinensätzen mit einer Gesamtleistung von 173.000 PS (die Angaben gehen bis 280.000 PS). Die Propellerausführung ist insofern ungewöhnlich, da auf den Außenwellen 4-Blatt-Propeller (Nr. 1 + 4) und auf den Innenwellen 5-Blatt-Propeller (Nr. 2 + 3) aufgezogen waren (Berücksichtigung des Nachstroms des Schiffes). Der Durchmesser aller Propeller beträgt 5.490 mm und das Gewicht 27.360 kg. Gleich auf der Jungfernreise im Juli 1952 errang das Schiff mit einer Durchschnittsgeschwindigkeit von 34,51 kn das Blaue Band. Da das Schiff im Mob.-Fall als Truppentransporter eingesetzt werden sollte, wurde seine maximale Geschwindigkeit bis heute geheim gehalten. Das Schiff liegt heute in Philadelphia auf, Enthusiasten kämpfen für seinen Erhalt als nationales Monument.

Diesem Außenpropeller der UNITED STATES sieht man förmlich an, welchen Schub er mit einer Leistung von 42.250 PS (oder mehr?) je Welle auf das Schiff übertragen kann. Foto: H. Mehl

Die UNITED STATES 1967 in ihren besten Tagen. Foto: D. Pearson Jr.

Propeller für den Turbinentanker TINA ONASSIS

Der am 25. Juli 1953 bei den Howaldtswerken in Hamburg vom Stapel gelaufene Tanker war mit 27.853 tdw zeitweilig der größte Tanker der Welt. Als Antrieb diente ein Dampfturbinensatz mit einer Leistung von 17.500 PSw. Der von der Hamburger Firma Zeise hergestellte Propeller hatte einen Durchmesser von 6.900 mm und wog 37.117 kg. Als Reisegeschwindigkeit wurden 16,5 kn gelaufen.

Der 4-Blatt-Propeller der TINA ONASSIS vor dem Ruder mit Costa-Birne. Foto: Altonaer Museum, Hamburg

Der Tanker TINA ONASSIS geht auf Probefahrt. Foto: IMMH

Propeller für Tragflügelboote vom Typ KOMETA

Aus der Reihe vieler Tragflügelboote (TFB) seien hier die ab 1957 in Großserien in der damaligen UdSSR gebauten Boote des Typs KOMETA genannt. Der Antrieb erfolgte bei diesem Typ durch zwei modifizierte Schnellbootsmotoren des Typs M 50 F mit gedrosselter Leistung von je 800 PS. Ausgetaucht erreichten die Boote eine Geschwindigkeit von über 60 km/h. Allein von diesem Typ wurden mehr als 100 Boote in 18 Länder exportiert.

Die zwei tief tauchenden Propeller einer KOMETA. Foto: W. Kramer

Das TFB STÖRTEBEKER vom Typ KOMETA in Küstenfahrt vor Warnemünde. Foto: W. Kramer

Die Propeller des umgebauten Kreuzfahrtschiffes NORWAY

Die NORWAY wurde als FRANCE auf der französischen Werft Chantiers de l'Atlantique in Saint-Nazaire gebaut und am 6. Januar 1962 abgeliefert. Nach Einsatz im Liniendienst wurde die FRANCE 1974 aufgelegt und nach Zwischenverkauf an die Reederei Norwegian Caribbean Line verkauft. Auf der damaligen Hapag-Lloyd-Werft wurde das in NORWAY umbenannte Schiff ab 1979 zum Kreuzfahrt-Liner umgebaut. Um bei dem 70.202-BRT-Schiff die Kraftstoffkosten zu senken, wurden vier Kessel und zwei Turbinensätze ausgebaut sowie die zwei Außenpropeller entfernt. Auf die Innenwellen wurden zwei neue 5-Blatt-Propeller mit einem Durchmesser von 5.800 mm aufgezogen (auch zwei Heckstrahlruder nachgerüstet). Mit 133 U/min wurden nur noch 26 kn als max. Geschwindigkeit erreicht (als FRANCE 35,2 kn). Das Schiff wurde ab August 2006 im indischen Alang abgebrochen.

Der neue Bb.-Propeller und die nachgerüstete Querstrahlanlage auf der NORWAY. Foto: Hapag-Lloyd

Die NORWAY nach ihrem Umbau auf der Lloyd-Werft in Bremerhaven. Foto: Lloyd-Werft

Propeller für den Luxus-Liner QUEEN ELIZABETH 2

Obwohl die Zeit der Atlantik-Liner zu Ende ging, ließ man in Großbritannien 1967 noch einmal den Luxus-Liner QUEEN ELIZABETH 2 ganz in der Tradition der Queen-Schiffe für die Reederei Cunard vom Stapel laufen. Das 67.139-BRT-Schiff war als Zweiwellenschiff mit Dampfturbinensätzen ausgelegt. 1986/87 ließ die Reederei das Schiff auf der Lloyd-Werft in Bremerhaven auf einen dieselelektrischen Antrieb umbauen. Neun MAN B & W-Dieselmotoren sorgten jetzt für die Ener-gieerzeugung für zwei E-Fahrmotoren mit einer Leistung von je 44 MW. Das Schiff erhielt zwei neue 5-Blatt-Propeller von Lips sowie als erstes Passagierschiff zwei Grim'sche Leiträder. Die Propeller mit Skew-back-Design haben einen Durchmesser von 5.800 mm, die Leiträder einen Durchmesser von 6.700 mm. Obwohl die Leiträder eine Treibstoffeinsparung von 10 t pro Tag bringen soll-ten, wurden diese aus den schon genannten Gründen wieder entfernt.

*Die Propeller der QUEEN ELIZABETH 2 vor ...
Foto: IMMH*

... und nach dem Umbau auf dieselelektrischen Antrieb. Foto: Marine Propulsion International

Die QUEEN ELIZABETH 2 im September 2004 auslaufend aus Warnemünde. Foto: Slg. H. Mehl

Frachtschiff MS Meyenburg und sein Propeller

Auf der Warnow-Werft in Warnemünde wurden von 1967 bis 1969 16 Frachtschiffe des Typs XD mit einer Vermessung von 8.810 BRT gebaut. Die Antriebsleistung mit Dieselmotor beträgt 8.230 kW. Der in Waren hergestellte Festpropeller hat einen Durchmesser von 5.220 mm. Rechtsdrehend wurden bei 140 U/min 18 kn erreicht.

Der Festpropeller der MS Rostock, ein Schiff vom Typ XD. Foto: Slg. D. Strobel

Die MS Meyenburg, ebenfalls ein Schiff des Typs XD. Foto: Slg. W. Kramer

Propeller für Atlantik-Supertrawler

Auf der Volkswerft in Stralsund wurden von 1972 bis 1983 insgesamt 195 Fabriktrawler in vier Bauausführungen für die damalige UdSSR gebaut. Als Antriebsdiesel diente der Motor 8 ZD 72/48 AL vom DMR mit einer Leistung von 2.860 kW. Für hohe Zugleistung vor dem Netz wurde als Propulsionsorgan ein Verstellpropeller vom DMR/Wismar in Ruderdüse vorgesehen. Der Propeller hat einen Durchmesser von 2.900 mm, die Düse einen Innendurchmesser von 3.570 mm. Viele dieser Fabrikschiffe sind heute noch in Fahrt.

Propeller in Ruderdüse am Heck des Trawlers.
Foto: Slg. D. Strobel

Das Fischereifabrikschiff Typ Atlantik-Supertrawler. Foto: W. Kramer

Das Forschungsschiff POLARSTERN und seine Propeller

Das Eis brechende Forschungsschiff wurde Ende 1978 vom Bundesministerium für Bildung und Forschung in Auftrag gegeben. Das von F. Laeisz bereederte und vom Alfred-Wegener-Institut eingesetzte Schiff wurde 1981/82 bei der Howaldtswerke – Deutsche Werft in Kiel und weiter auf der Werft Nobiskrug in Rendsburg gebaut. Seine erste Antarktisexpedition unternahm es ab 27. Dezember 1982. Die Antriebsleistung des 12.614-BRZ-Schiffes beträgt mit Dieselmotoren 2x 7.400 kW. Als Propeller sind Verstellpropeller aus Chrom-Nickel-Stahl von Escher-Wyss mit einem Durchmesser von 4.200 mm in Kort-Düse eingesetzt. Bei 180 U/min werden in offenem Wasser 16 kn erreicht.

Die Propeller der POLARSTERN.
Foto: Slg. O. Ziemann, Alfred-Wegener-Institut

Die POLARSTERN bei Versorgungsaufgaben an einer Eiskante in der Arktis.
Foto: O. Ziemann, Alfred-Wegener-Institut

Propeller für Containerschiff ARKONA

Bei dem 1985 auf der Werft Bremer Vulkan AG gebauten Containerschiff des Typs CMPC 1300 (18.145 GT) wurden propulsionsverbessernde Maßnahmen realisiert. Dazu gehörten ein asymmetrisches Hinterschiff, der Anbau einer Schneekluth-Düse und ein sich hinter dem Propeller frei drehendes Grim'sches Leitrad. Alle Konstruktionselemente sollten den Propulsionswirkungsgrad um ca. 10 % erhöhen, was letztlich auch einer Senkung des Treibstoffverbrauchs zugutekam. Grim'sche Leiträder wurden allerdings wegen einer nicht ausreichenden Zuverlässigkeit wieder entfernt.

Propulsionsmittel der ARKONA mit Düse und Leitrad. Foto: Bremer Vulkan AG

Das Eisenbahn-Güter-Fährschiff MUKRAN und seine Propeller

Von 1986 bis 1989 wurden auf der Mathias-Thesen-Werft in Wismar (heute Nordic Yards) fünf von ursprünglich sechs geplanten Eisenbahn-Fährschiffen gebaut. Die 21.890-BRT-Schiffe sind die größten Zweideck-Eisenbahnfähren der Welt. Das Typschiff MUKRAN wurde am 27. August 1986 abgeliefert. Der Antrieb erfolgt durch zwei Dieselmotoren mit einer Gesamtleistung von 10.600 kW, womit eine Geschwindigkeit von 16,5 kn erreicht wird. Die Verstellpropeller des Typs 109 4 AW vom DMR/Betriebsteil Wismar (heute Schottel Schiffsmaschinen) haben einen Durchmesser von 4.000 mm und drehen bei Volllast mit 170 U/min.

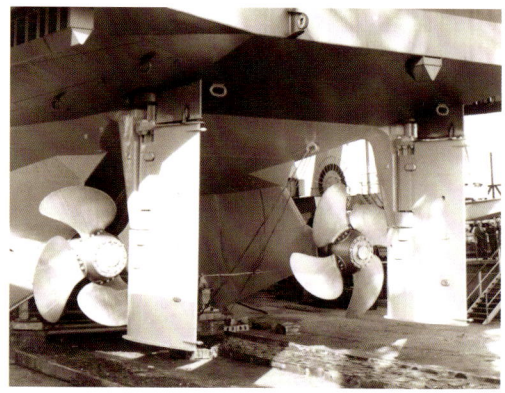

Die Verstellpropeller und Ruder der MUKRAN. Foto: Slg. D. Strobel

Das Eisenbahn-Fährschiff GREIFSWALD, ein Schwesterschiff der MUKRAN. Foto: W. Kramer

Propeller für Containerschiff Pugwash Senator

Für die Reederei F. Laeisz wurden im Zeitraum von 1996 bis 1998 acht typgleiche Containerschiffe mit Stellplätzen für 4.545 TEU bei Hyundai Heavy Industries in Südkorea gebaut. Der Antrieb erfolgt durch einen Dieselmotor mit einer Leistung von 41.040 kW. Der 2007 während einer Dockung in Taiwan neu aufgezogene Propeller von der MMG Waren hat einen Durchmesser von 8.200 mm, eine Steigung von 7.814 mm und wiegt 68.900 kg (Skew-Winkel 40°).

*Der neue MMG-Propeller an der
Pugwash Senator und Ruder mit Costa-Birne.
Foto: H.-J. Mehl*

Der Bulker PARADISE N und sein Propeller

Der 1997 bei Daewoo Heavy Industries Okpo Shipyard, Südkorea, gebaute und durch die Reederei Laeisz bereederte Bulker (ex PEENE ORE) ist mit seinen 320.000 tdw das z. Zt. größte Handelsschiff unter deutscher Flagge. Der Antriebsdiesel erbringt bei 79 U/min eine Leistung von 25.485 kW. Der ebenfalls in Korea aus NiAl-Bronze gefertigte Propeller hat einen Durchmesser von 9.800 mm, eine Steigung von 6.359 mm und wiegt 62.431 kg (FA = 75,42 m²). Bei Nennlast werden 16,7 kn erreicht.

Der 9,8-m-Propeller der PARADISE N.
Foto: Slg. H.-J. Mehl

Die PARADISE N in der Erzfahrt. Foto: Slg. H.-J. Mehl

Der Atom-Eisbrecher JAMAL und seine Propeller

Der von 1986 bis 1992 auf der Baltischen Werft in St. Petersburg gebaute Eisbrecher ist ein Schiff der Arktika-Klasse mit einer BRZ von 23.455 (Lüa 150 m). Zur Dampferzeugung dienen zwei Reaktoren OK – 900 A und vier Wärmetauscher (Kessel), welche zwei Turbogeneratoren mit Dampf versorgen (gesamt 55,2 MW). Der Antrieb der drei Propeller erfolgt mit E-Fahrmotoren mit einer Leistung von 23.936 PS je Welle. Die drei gebauten Stahlpropeller haben einen Durchmesser von 5.700 mm und wiegen je 50 t. Bei 100 U/min der Propeller kann das Schiff Festeis bis zu einer Stärke von 5 m brechen.

Die gebauten 55.700-mm-Stahlpropeller der JAMAL. Foto: Jandeks

Der Eisbrecher JAMAL im Einsatz im nördlichen Polarmeer. Foto: Jandeks

Verstellpropeller für Kreuzfahrtschiff COLUMBUS

Das 1996/97 auf der Aker-Werft in Wismar mit der Bau-Nr. 451 gebaute Kreuzfahrtschiff wurde am 17. Juni 1997 an die Reederei Hapag-Lloyd abgeliefert. Das Schiff hat eine Zweiwellenanlage mit vier Wärtsila-Dieseln mit einer Gesamtleistung von 10.560 kW. Das 14.903-BRZ-Schiff erreicht mit Verstellpropellern eine Reisegeschwindigkeit von 18,5 kn.

Anbau der Verstellpropeller bei der COLUMBUS. Foto: Aker-Werft Wismar

Die COLUMBUS verlässt den Hamburger Hafen. Foto: Hapag-Lloyd

Verstellpropeller für Containerschiff JADE TRADER

Die Containerschiffe JADE TRADER und WESER
TRADER vom Typ VWS 1100 wurden 1995/96 auf
der Volkswerft in Stralsund für die Reederei Hermann Buss GmbH gebaut. Die Schiffe haben eine
Stellkapazität von 1.104 TEU. Der Antrieb der
11.900-GT-Schiffe erfolgt durch einen Dieselmotor 7 S 50 MC mit einer Leistung von 10.010 kW.
Der von Schottel Schiffsmaschinen in Wismar hergestellte Verstellpropeller hat einen Durchmesser
von 5.200 mm.

*Der 5-Blatt-Verstellpropeller für Containerschiff
VWS 1100 in der Montagehalle bei Schottel in
Wismar. Foto: Schottel Schiffsmaschinen*

Das Containerschiff EMMA MAERSK und sein Propeller

Nach seiner Indienststellung im Jahre 2006 war dieses Schiff der Postpanmax-Klasse zeitweilig das größte Containerschiff der Welt. Das auf der konzerneigenen Werft im dänischen Odense gebaute Schiff hat eine BRZ von 170.974 (156.907 tdw) und Stellplätze für 13.000 TEU. Als Antriebsmaschine wurde ein 14-Zylinder-Sulzer-Diesel mit einer Leistung von 80.080 kW (108.108 PS) eingebaut. Der von der MMG in Waren hergestellte Festpropeller hat einen Durchmesser von 9.600 mm und wiegt 131,5 t. Bei Konstruktionstiefgang kann das Schiff eine Geschwindigkeit von 26 kn erreichen.

Montage des MMG-Propellers in der Werft in Odense. Foto: MMG

Die EMMA MAERSK am 6. September 2007 an der Stromkaje in Bremerhaven. Foto: H. Seger

Propeller für 4.400-TEU-Containerschiff

Auf der Messe SMM 2008 in Hamburg zeigte die MMG Waren einen 5-flügeligen Festpropeller für ein Containerschiff. Die Antriebsleistung des Schiffes beträgt bei 105 U/min 36.560 kW. Der aus CuAl10Ni F650 (Cu 3) hergestellte Propeller hat einen Durchmesser von 7.900 mm und wiegt 57.760 kg (Skew-Winkel 35,1°).

Der MMG-Propeller auf der SSM 2008 in Hamburg. Foto: Slg. H. Mehl

Propeller für Querstrahlruderanlagen

Waren früher bei Schiffen nur Bugstrahlruder vorgesehen, so verfügen moderne Kreuzfahrt- und Containerschiffe heute über bis zu fünf Querstrahlanlagen vorn und achtern. Damit wurde die Manövrierfähigkeit besonders bei den größeren Schiffen beim An- und Ablegen wie auch bei Schleusenfahrten bedeutend verbessert. Zwei Beispiele zeigen die Spezialpropeller für Querstrahlanlagen.

Einbau eines Propellers in eine Querstrahlanlage auf der Lloyd-Werft in Bremerhaven.
Foto: Lloyd-Werft

Propeller für Kreuzfahrtschiff AIDASOL

Die AIDASOL, baugleich mit AIDABLU, ist als achtes Club-Schiff für AIDA Cruises auf der Meyer-Werft in Papenburg gebaut und am 9. April 2011 in Kiel getauft worden. Das mit einer BRZ von 71.100 vermessene Schiff hat eine dieselelektrische Antriebsanlage mit zwei E-Fahrmotoren mit einer Leistung von je 12,5 MW. Die 5-Blattpropeller im Skew-back-Design von MMG haben einen Durchmesser von 5.200 mm und wiegen je 12.800 kg. Das Antriebssystem ist für eine Dauerfahrt mit 20 kn ausgelegt.

Die fertigen MMG-Propeller für die AIDASOL auf der Meyer-Werft in Papenburg. Foto: Meyer-Werft

Die AIDASOL bei den Werfterprobungen. Foto: AIDA Cruises

Schottel Twin-Propeller

Ähnlich den Azipod-Modulen fertigt die Firma
Schottel sogenannte Twin-Propeller (STP), bei
denen der Antrieb der Propeller jedoch mechanisch erfolgt. Beide Propeller haben die gleiche
Drehrichtung. Mittels Schaft und seitlichen Flossen wird der Drallstrom des vorderen Propellers
ausgenutzt. Beim Typ STP 3030 haben die Propeller einen Durchmesser von 3.300 mm und eine Antriebsleistung von 3.600 kW.

*Ein Schottel Twin-Propeller auf der SSM 2008 in
Hamburg. Foto: Slg. H. Mehl*

Propeller für Überwasserkriegsschiffe

Der Propeller der Sieger-Korvette H.M.S. RATTLER

Mit dem Originalpropeller der Korvette (Sloop) bewahrt das Royal Navy Museum in Portsmouth ein wertvolles Relikt aus der Geschichte der Propeller auf. Wie in der Einführung schon erwähnt, war der Sieg beim Wettziehen mit der Schaufelrad-korvette ALECTO am 3. April 1845 ein Meilenstein bei der Einführung von Propellerantrieben bei der britischen Marine. Dieser Propeller hat einen Durchmesser von 3.000 mm und eine Steigung von 3.400 mm. Die Blätter sind konstant 400 mm breit. Um eine hohe Festigkeit zu erreichen, wurde der Propeller aus »Kanonenbronze« gegossen.

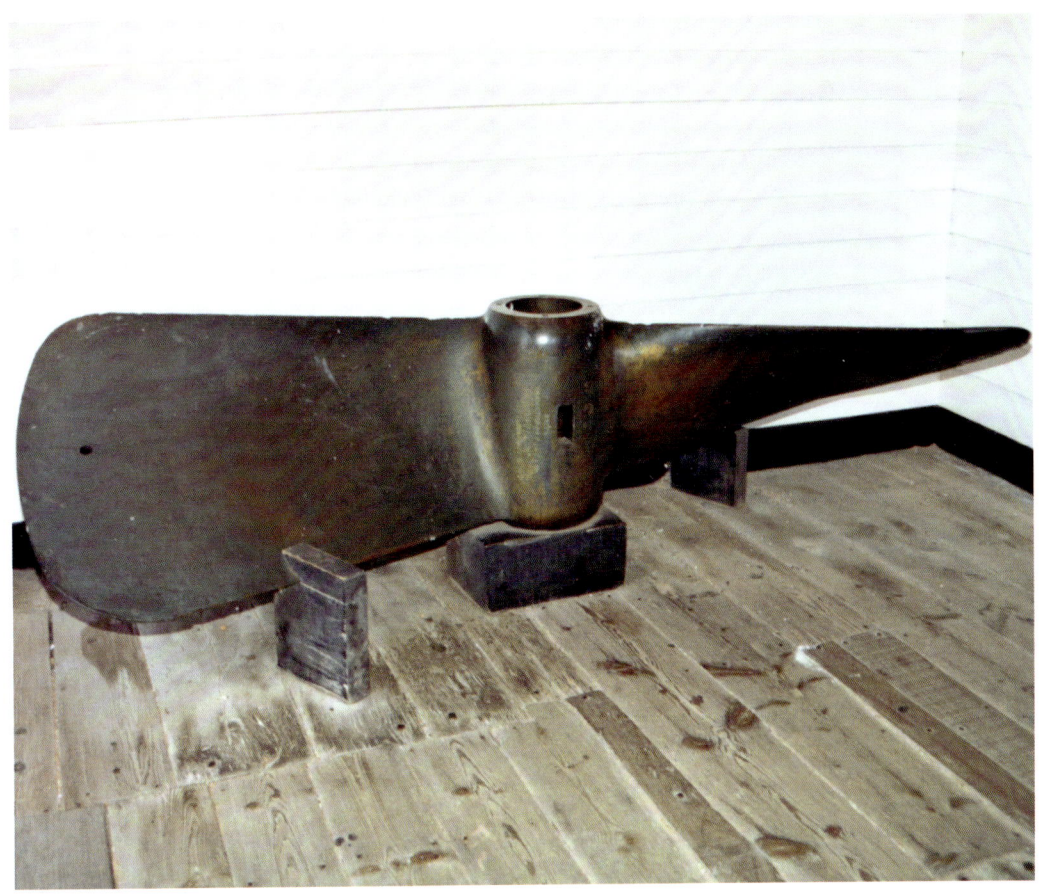

Der Propeller der Korvette (Sloop) RATTLER im Royal Navy Museum in Portsmouth. Foto: Slg. H. Mehl

Propeller der Dampffregatte JYLLAND

Die Dampffregatte (2.450 t) wurde 1856/62 auf der Nyholm-Marinewerft in Kopenhagen für die dänische Marine gebaut. Mit noch hölzernem Schiffsrumpf, erhielt die Fregatte eine liegende 2-Zylinder-Kolbendampfmaschine mit einer Leistung von 400 PS. Wie von einigen Marinen gefordert, wurde auch hier ein einziehbarer Propeller vorgesehen. Der Propellerrahmen zum Einziehen in einen Propellerschacht (Brunnen) hat eine Höhe von 4.710 mm, das Gewicht beträgt 10.500 kg. Für eine hohe Festigkeit wurde auch dieser Propeller aus Kanonenbronze gegossen. Zum Einziehen nach dem Auskuppeln wurden 200 Mann benötigt.

Der bronzene Einziehpropeller der JYLLAND, Durchmesser 4.200 mm. Foto: Slg. H. Mehl

Die Fregatte JYLLAND als Museumsschiff in Ebeltoft (Dänemark). Foto: Elles Offset

Einziehpropeller der Dampfkorvette Saga

Auch die 1877 für die schwedische Marine gebaute Dampfkorvette erhielt einen Einziehpropeller. Wie bei anderen Fregatten und Korvetten war auch hier ein Propellerrahmen vorgesehen, um nach Auskuppeln des Propellers diesen samt Rahmen in einen Schacht (Brunnen) einzuziehen.

Der Einziehpropeller mit Rahmen im schwedischen Marinemuseum in Karlskrona. Foto: Slg. H. Mehl

Propeller der argentinischen Dampffregatte PRESIDENTE SARMIENTO

Die 2.733-ts-Fregatte wurde 1896/98 in Großbritannien für die argentinische Marine gebaut. Außer einer vollwertigen Takelage wurde eine 3-Zylinder-3-fach-Exp.-KD mit 1.800 PS für Maschinenantrieb auf einer Welle eingebaut. Der zweiflügelige gebaute Propeller mit kugeliger Nabe wurde von Bebis entworfen und aus Bronze gegossen. Bei Volllast der Maschine wurden 13 kn erreicht.

*Der Bebis-Propeller am Museumsschiff.
Foto: H.-J. Mehl*

Die noch bis 1961 als Schulschiff in Dienst gehaltene Fregatte PRESIDENTE SARMIENTO ist heute ein Museumsschiff. Foto: Slg. H. Mehl

Propeller für den Großen Kreuzer S.M.S. FÜRST BISMARCK

Das nach dem Amtsentwurf 1893–1895 als Kreuzer I. Klasse auf der Kaiserlichen Werft in Kiel gebaute Schiff hatte eine Dreiwellenanlage mit drei 4-Zylinder-3-fach-Exp.-KD mit einer Gesamtleistung von 13.810 PSi. Der Mittelpropeller mit kugeliger Nabe hatte einen Durchmesser von 4.400

mm, die Außenpropeller 4.800 mm. Der Kreuzer verdrängte 10.690 t und erreichte eine Geschwindigkeit von 18,7 kn.

Der Mittelpropeller und Ruder des Kreuzers.
Foto: IMMH

Der Kreuzer FÜRST BISMARCK im Kaiser-Wilhelm-Kanal. Foto: Slg. H. Mehl

Propeller für Linienschiff LOTHRINGEN

Das 1906 in Dienst gestellte 13.200-t-Linienschiff wurde durch drei 3-Zylinder-3-fach-Exp.-KD angetrieben. Beide Außenmaschinen leisteten je 5.924 PS, die Mittelmaschine 5.880 PS. Die Propeller der Außenwellen hatten einen Durchmesser von 4.800 mm, der auf der Mittelwelle 4.500 mm. Die Steigung betrug 5.750 mm. Mit 120,5 U/min wurden 18,7 kn erreicht. Das Schiff wurde 1926 zum Fernlenk-Zielschiff umgebaut.

Die drei Propeller und Ruder der LOTHRINGEN.
An Backbord im Schiffsboden ein Torpedo-
Ausstoßrohr.
Quelle: Kaiserliche Marine geheim

Festpropeller des Großen Kreuzers GNEISENAU

Der 1904 – 1908 bei der A.G. »Weser« in Bremen gebaute Kreuzer (11.616 t) hatte als Antriebsanlage drei 3-Zylinder-3-fach-Exp.-KD mit einer Gesamtleistung von 26.000 PS. Auf den Außenwellen waren zwei 5.000-mm-Propeller aufgezogen, auf der Mittelwelle betrug der Durchmesser 4.600 mm.

Mit 126 U/min betrug die max. Geschwindigkeit 22,5 kn. Der Kreuzer ging zusammen mit seinem Schwesterschiff SCHARNHORST am 8. Dezember 1914 in der Seeschlacht bei den Falklandinseln verloren.

Der Bb.-Festpropeller der GNEISENAU mit Wellenhose. Foto: Slg. H. Mehl

Der Große Kreuzer GNEISENAU in Friedenszeiten. Foto: Slg. H. Mehl

Tandem-Propeller des Kleinen Kreuzers LÜBECK

Der 1903–1905 auf der Vulcan-Werft in Bredow
bei Stettin gebaute Kleine Kreuzer war der erste
deutsche Kreuzer mit Dampfturbinenantrieb.
Da noch keine Untersetzungsgetriebe zur Verfügung standen, wurden hier vier Wellen mit je zwei
Tandempropellern vorgesehen. Der Durchmesser
der insgesamt acht Propeller betrug 1.100 mm.
Die Antriebsleistung der Brown-Boverie-Turbinen
betrug max. 14.403 PS, womit 23 kn erreicht wurden. Bei einem späteren Umbau wurde die Pro-
pellerzahl auf vier reduziert (zwei 1.600 mm, zwei
1.750 mm).

*Die vier Stb.-Tandem-Propeller der LÜBECK.
Foto: Slg. H. Mehl*

Der Turbinenkreuzer S.M.S. LÜBECK. Foto: Slg. H. Mehl

Propeller des britischen Flottillenführers Swift

Auch in Großbritannien standen bei dem 1907 vom Stapel gelaufenen Flottillenführer mit Turbinenantrieb noch keine Untersetzungsgetriebe zur Verfügung. Mit nur 2.200 ts Verdrängung erhielt das Schiff deshalb eine für diese Schiffsgröße ungewöhnliche Vierwellenanlage. Die vier Parsons-Turbinensätze, Kessel bereits mit Ölfeuerung, leisteten zusammen 30.000 PS, womit max. 35,2 kn erreicht wurden.

Die Vierwellenanlage mit Propellern des Flottillenführers Swift.
Quelle: Warship

Der Kleine Kreuzer Dresden und seine Propeller

Bei dem 1907 – 1908 auf der Werft Blohm + Voss in Hamburg gebauten Kreuzer (2.572 t) wurde ebenfalls eine Dampfturbinenanlage mit Parsons-Turbinen und einer Gesamtleistung von 15.000 PS vorgesehen. Da auch hier noch keine Untersetzungsgetriebe zur Verfügung standen, wurde eine Vierwellenanlage mit Wellenböcken konstruiert. Die vier Propeller hatten hier einen Durchmesser von 1.950 mm, als Höchstgeschwindigkeit konnten 24 kn gelaufen werden.

Die Stb.-Propeller und Ruder des Kreuzers Dresden. Foto: Archiv Blohm + Koss

Der Turbinenkreuzer Dresden während der Werfterprobung. Foto: Archiv Blohm + Voss

Propeller des britischen Schlachtkreuzers Hood

Der Schlachtkreuzer wurde von 1916 bis 1919 – Indienststellung am 5. März 1920 – auf der Werft John Brown Clydebank gebaut. Das Schiff hatte eine Standardverdrängung von 41.200 ts (max. 45.200 ts). Als Antriebsanlage kamen vier Brown-Curtis-Turbinensätze mit einer Gesamtleistung von 151.000 PS zum Einsatz. Die aus Manganese-Bronze hergestellten Festpropeller hatten einen Durchmesser von 4.570 mm und wogen je 20 ts. Mit 210 U/min lief das Schiff 31 kn. Die Hood wurde am 24. Mai 1941 durch Treffer der schweren Artillerie des deutschen Schlachtschiffes Bismarck in der Dänemarkstraße versenkt.

Der Schlachtkreuzer Hood auslaufend 1936.
Foto: Slg. H. Mehl

Die Stb.-Propeller der Hood und das Halbschweberuder.
Quelle: Die britischen Schlachtschiffe des Zweiten Weltkriegs

Der Flugzeugträger GRAF ZEPPELIN und seine Propeller

Mit dem am 8. Dezember 1938 bei der Werft Deutsche Werke Kiel vom Stapel gelaufenen Träger A sollte auch die Kriegsmarine zukünftig Flugzeugträger im Bestand haben. Als Antriebsanlage war für das voll 27.750 t verdrängende Schiff eine Vierwellenanlage mit Getriebe-Turbinensätzen und einer Gesamtleistung von 200.000 PS vorgesehen. Als Propulsionsmittel sollten vier fertige Festpropeller mit einem Durchmesser von 4.400 mm und einer Steigung von 4.600 mm aus Sondermessing BF 55 KM zum Einsatz kommen (vmax 33 kn). Interessanterweise wurde der Träger zur Verbesserung der Manövriereigenschaften auch mit zwei einziehbaren Voith-Schneider-Propellern, Drehscheibendurchmesser 1.690 mm, ausgerüstet. Bekanntlich wurde dieser Träger jedoch nie in Dienst gestellt, sondern bei Kriegsende unfertig von der Sowjetarmee erbeutet und 1947 als Zielschiff versenkt.

Die auf dem Start- und Landedeck ständig mitgeführten Propeller 1943 in Stettin. Foto: IMMH

Der Träger kurz nach dem Stapellauf am 8. Dezember 1938. Foto: Slg. H. Mehl

Die Propeller des Schweren Kreuzers ADMIRAL HIPPER

Der am 6. Februar 1937 auf der Werft Blohm + Voss in Hamburg vom Stapel gelaufene Kreuzer hatte eine Verdrängung von 14.050 t. Für seine Drei-wellenanlage wurden Getriebeturbinensätze mit einer Gesamtleistung von 132.000 PS vorgese-hen. Die drei Festpropeller hatten anfangs einen Durchmesser von 4.320 mm, später neu aufgezo-gene mit größerer Steigung nur noch 4.100 mm. Als max. Geschwindigkeit konnten 32 kn gelaufen werden.

*Die Dreiwellenanlage
mit Propeller der ADMIRAL HIPPER.
Foto: Archiv Blohm + Voss*

Der Schwere Kreuzer ADMIRAL HIPPER noch vor Ausbruch des Krieges. Foto: Slg. H. Mehl

Propeller des Schweren Kreuzers PRINZ EUGEN

Der auf der Germania-Werft in Kiel gebaute Kreuzer – Indienststellung am 1. August 1940 – hatte eine sehr ähnliche Dreiwellen-Antriebsanlage wie die der Schweren Kreuzer ADMIRAL HIPPER, BLÜCHER, SEYDLITZ und LÜTZOW II. Drei BBC-Turbinensätze mit einer Gesamtleistung von 132.000 PS übertrugen ihre Leistung auf bronzene Festpropeller mit einem Durchmesser von 4.100 mm.

Auch die PE erreichte eine max. Geschwindigkeit von 32 kn. Der Kreuzer ging nach 1945 gemäß des Beschlusses auf der Potsdamer Konferenz über die Aufteilung der deutschen Kriegsschiffe an die USA und wurde als Testschiff beim Atombombenversuch vor dem Bikini-Atoll zerstört. 1978 wurde der Bb.-Propeller vom Wrack abgebaut und nach Deutschland als Erinnerungsstück für das Marine-Ehrenmal in Laboe überführt.

Der bronzene Festpropeller des Kreuzers (12 t) auf dem Containerschiff RHEIN EXPRESS bei seiner Ankunft 1978 in Bremerhaven. Foto: Hapag-Lloyd

Die Propeller des Schlachtschiffes SCHARNHORST

Das auf der Kriegsmarinewerft in Wilhelmshaven 1936 – 1939 gebaute deutsche Schlachtschiff – Schwesterschiff GNEISENAU – hatte eine max. Wasserverdrängung von 39.536 t.

Die Antriebsanlage bestand aus 12 Wagener-Deschimag-Hochdruckkesseln und drei Satz BBC-Getriebeturbinen mit einer Gesamtleistung von 160.000 PS. Die drei von der Hamburger Firma Zeise gefertigten 3-Blatt-Propeller hatten einen Durchmesser von 4.800 mm. Als Höchstfahrt wurden 31,5 kn erreicht.

Propeller und Ruder des Schlachtschiffes SCHARNHORST, hier im Schwimmdock in Gotenhafen (der Mittelpropeller ist abgebaut). Quelle: Bredemeier, Schlachtschiff SCHARNHORST

Das deutsche Schlachtschiff SCHARNHORST 1939. Foto: Slg. H. Mehl

Das deutsche Schlachtschiff TIRPITZ und seine Propeller

Das am 1. April 1939 auf der Kriegsmarinewerft in Wilhelmshaven vom Stapel gelaufene Schlachtschiff hatte eine Normalverdrängung von 49.000 t (Vollverdrängung 52.600 t). Als Antriebsanlage kamen 12 ölgefeuerte Wagener-Kessel und drei BBC-Turbinensätze mit einer Gesamtleistung von 138.000 PS zum Einsatz. Die drei Festpropeller hatten hier einen Durchmesser von 4.700 mm. Bei Volllast erreichte das Schiff 29 kn. Nach Bombentreffer durch einen alliierten Luftangriff kenterte das Schiff am 12. November 1944 im Tromsö-Fjord in Norwegen.

Das deutsche Schlachtschiff TIRPITZ mit 38-cm-Artillerie. Foto: PK-Foto, Slg. H. Mehl

Stb.- und Mittelpropeller der TIRPITZ. Foto: Archiv IMMH

Der Stb.-Propeller mit Wellenbock. Foto: Archiv IMMH

Voith-Schneider-Propeller für deutsche R-Boote

Ab 1931 wurden für die deutsche Reichsmarine/ Kriegsmarine fortlaufend sogenannte R-Boote (Minenräumboote) in Kompositbauweise gebaut. Die hauptsächlich auf den Werften Fr. Lürssen und Abeking & Rasmussen gebauten Boote wurden ständig weiterentwickelt, in ihren Abmessungen vergrößert und letztlich in Großserien gebaut. Während die ersten Boote R 1 bis R 7 noch Boote mit Festpropeller waren (Propellerdurchmesser 850 mm), erhielt das Boot R 8 für Erprobungen zwei Voith-Schneider-Propeller (VS-Propeller) mit einem Drehscheibendurchmesser von 1.500 mm. Bei späteren Booten mit 115 t Verdrängung kamen VS-Propeller mit 1.800 mm Durchmesser zum Einsatz. Als Standard-Antriebsmaschinen bei den größeren Booten wurden zwei 6-Zyinder-Viertakt-Diesel von MWM mit 900 PS, später auch 8-Zylinder-Viertakt-Diesel von MAN, ebenfalls mit 900 PS, vorgesehen. Da die Produktionskapazität für VS-Propeller jedoch nicht ausreichte, erhielten die meisten R-Boote Festpropeller (Durchmesser jetzt 900 mm). Insgesamt wurden bis zum Ende des Zweiten Weltkrieges 336 R-Boote gebaut und in Dienst gestellt. Die Boote mit VS-Propeller erreichten zwar eine geringere Geschwindigkeit wie die mit Festpropeller, vorteilhaft waren dagegen ihre sehr guten Manövriereigenschaften.

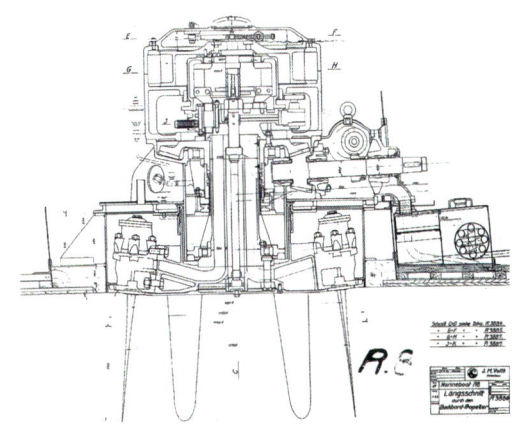

Ansicht des Voith-Schneider-Propellers für Erprobungsboot R 8. Zeichnung: Voith/Slg. H. Mehl

Das R-Boot R 108 mit auf dem Achterdeck sichtbaren Montageöffnungen für zwei Voith-Schneider-Propeller. Foto: Slg. H. Mehl

Propeller des US-Schlachtschiffes NORTH CAROLINA

Die NORTH CAROLINA (BB 55) – Schwesterschiff WASHINGTON – wurde auf der New York Navy Yard gebaut und am 13. Juni 1940 in Dienst gestellt. Das 35.000-ts-Schlachtschiff hatte eine Vierwellenanlage mit Getriebeturbinensätzen und einer Gesamtleistung von 121.000 PS. Die Außenpropeller haben einen Durchmesser von 5.067 mm, die Innenpropeller 4.674 mm. Jeder Propeller wiegt rund 34.000 kg. Mit 199 U/min wurden 28 kn erreicht. Das Schlachtschiff liegt heute als Museumsschiff in Wilmington (North Carolina).

Ein 34-t-Propeller der NORTH CAROLINA am Battleship Memorial in Wilmington (North Carolina). Foto: Battleship Memorial

Die NORTH CAROLINA im Tarnanstrich während des Zweiten Weltkrieges. Foto: US Navy

Propeller des US-Schlachtschiffes IOWA

Die USS IOWA, mit drei Schwesterschiffen Höhepunkt des US-Schlachtschiffbaus, lief am 27. August 1942 auf der Marinewerft in Philadelphia vom Stapel und wurde am 22. Februar 1943 in Dienst gestellt. Mit einer max. Wasserverdrängung von 57.450 ts erhielt das Schiff eine Vierwellenanlage mit General Electric-Dampfturbinen und einer Gesamtleistung von 200.000 PS. Unter Beachtung des Nachstromes dieses Schiffes wurden unterschiedliche Propeller vorgesehen. Als Innenpropeller kamen 5-Blatt-Propeller mit einem Durchmesser von 5.200 mm zum Einsatz, wogegen die Außenpropeller nur 4 Blätter mit einem Durchmesser von 5.600 mm haben. Mit Volllast bei max. 212.000 PS konnten kurzzeitig 33 kn gelaufen werden.

Die unterschiedlichen Stb.-Propeller der IOWA. Foto: US Navy

Die USS IOWA bei ihrem Aufenthalt 1980 in der Ostsee. Foto: P. Seemann

Propeller für Minenleg- und -räumschiff Typ Krake

Von 1956 bis 1958 wurden auf der Peene-Werft in Wolgast 10 Minenleg- und -räumschiffe (MLR) des Typs Krake (Projekt 15) für die Seestreitkräfte der DDR gebaut. Der Antrieb erfolgte durch zwei 6-Zyinder.-Viertakt-Dieselmotoren Typ 6 KVD 43 A mit einer Leistung von 882 kW (1.200 PS). Mit ihren zwei bronzenen Festpropellern erreichten die 642-t-Schiffe eine Geschwindigkeit von 16 kn. Die Propeller hatten einen Durchmesser von 1.800 mm, Steigung 2.010 mm und ein FA/F von 0,63.

Das MLR 3001 mit seinen Propellern kurz vor der Absenkung am 28. Januar 1956. Foto: Peene-Werft

MLR 3001, die spätere Berlin, bei der Werftprobefahrt 1956. Foto: Peene-Werft

Die sowjetischen Kreuzer der Swerdlow-Klasse und ihre Propeller

Gemäß der Forderung von J. W. Stalin zum Aufbau einer starken Hochseeflotte wurden von 1950 bis 1955 19 Kreuzer nach dem Projekt 68-B gebaut, von denen jedoch nur 14 endgültig fertiggestellt und in Dienst genommen wurden. Die normal 14.780 t verdrängenden Schiffe wurden mit einer Turbinen-Antriebsanlage mit 6 Kesseln KW – 68 und 2 Turbinensätzen TW – 7 mit einer Gesamtleistung von 121.700 PS ausgerüstet. Mit den zwei Festpropellern mit einem Durchmesser von 4.580 mm wurde eine max. Geschwindigkeit von 33,12 kn erreicht.

Ansicht der Propelleranordnung und Ruder am typgleichen Kreuzer MIKHAIL KUTUSOW *(i.D. 12/54). Foto: W. Kostricenko*

Der Kreuzer OKTYABRSKAYA REVOLUTSYA *(Typ Swerdlow) läuft zum Flottenbesuch in Warnemünde ein. Foto: P. Seemann*

Die Propeller der Minensuchboote der Lindau-Klasse

Für die Bundesmarine wurden von 1957 bis 1959 18 Minensuchboote dieses Typs auf der Werft Burmester in Bremen-Burg gebaut. Die noch mit Holzrumpf (schwachmagnetisch) gebauten Boote verdrängten max. 465 t. Als Antriebsanlage wurden zwei Mercedes-Maybach-Motoren M D 871 mit einer Gesamtleistung von 2.940 kW (4.000 PS) vorgesehen. Als Propulsionsmittel erhielten die Boote 3-flügelige Verstellpropeller der Firma Escher Wyss mit einem Durchmesser von 1.820 mm. Die Minensucher konnten eine Geschwindigkeit von max. 16,5 kn erreichen.

Die Verstellpropeller der WEILHEIM im Deutschen Marinemuseum in Wilhelmshaven. Foto: Slg. H. Mehl

Ein Minensuchboot der Lindau-Klasse, hier die WEILHEIM, wird mit Schlepperhilfe verholt. Foto: photos1.blogger.com

Propeller für Minensuch- und -räumschiffe der Kondor-Klasse

Im Zeitraum von 1969 bis 1973 wurden für die See-streitkräfte der DDR 51 Minensuch- und -räum-schiffe (MSR) der Kondor-I- und Kondor-II-Klasse (Projekt 89.1 und 89.2) auf der Peene-Werft in Wolgast gebaut. Nach modifizierten Projekten wurden dazu noch 2 Torpedofangboote, 2 Auf-klärungsschiffe, 1 Vermessungsschiff (SHD) und eine Staatsyacht mit gleichem Grundtyp gebaut. Als Antrieb dienten zwei russische 12-Zylinder-Zweitakt-V-Motoren Typ 40 D vom Motorenwerk Kolomna mit einer Leistung von 1.618 kW je Motor.

Für die 339 t (Projekt 89.1) und 479 t (Projekt 89.2) verdrängenden Schiffe wurden Verstellpro-peller vom Werk Strömungsmaschinenbau Pirna mit einem Durchmesser von 1.500 mm vorgese-hen (FA/F = 0,8, Gewicht 1.240 kg). Als max. Ge-schwindigkeit wurden 18 kn erreicht.

Die Verstellpropeller und Ruder der KONDOR-Klasse. Foto: Peene-Werft

Das MSR-Schiff PASEWALK vom Projekt 89.1 (Kondor-Klasse). Foto: Slg. H. Mehl

Die Schnellboote der Klasse 142 und ihre Propeller

Nach den Schnellbooten der Klassen 140 und 141, auch Typ 55 genannt, wurden für die Bundesmarine ab 1960 nochmals 10 S-Boote der Klasse 142 mit Typboot Zobel gebaut. Die wieder bei Lürssen in Vegesack und Kröger in Rendsburg in Kompositbauweise als Verdränger gebauten Boote hatten eine Einsatzverdrängung von 210 t. Als Antriebsmaschinen kamen vier weiter verbesserte, nicht umsteuerbare 20-Zylinder-Viertakt-Motoren MB 518 C mit einer Leistung von je 3.000 PS zum Einsatz. Die vier Festpropeller mit einem Durchmesser von 1.150 mm, mittlerer Steigung von 1.470 mm und einem Fa/F von 0,96 wurden von Schaffran gegossen (Gewicht 247 kg). Als Höchstgeschwindigkeit wurden mit diesen vier hochdrehenden »Schubmaschinen« 43 kn erreicht (Dauerhöchstfahrt 33 kn).

Das S-Boot Bussard der Klasse 141 hatte die gleichen Propeller. Foto: Slg. H. Mehl

Ein S-Bootspropeller für die Klasse 142 am Traditionspunkt im Stützpunkt Hohe Düne. Foto: Slg. H. Mehl

Anordnung der vier Propeller am S-Boot Kranich, Klasse 140. Foto: J. Zarske

Propeller der Leichten und Kleinen TS-Boote Typ Iltis und Libelle

Nach konstruktiven Vorarbeiten wurden ab 1960 Leichte Torpedoschnellboote (LTS) auf der Peene-Werft in Wolgast für die Seestreitkräfte der DDR gebaut. Die 30 Serienboote des Projekts 63.300 wurden als reine Gleiter in Leichtmetallbauweise ausgeführt. Bei einer Einsatzverdrängung von nur 16,8 t, später 19 t, wurden als Antriebsanlage zwei russische 12-Zylinder-Viertakt-V-Diesel Typ M50 F-3 mit einer Leistung von je 882 kW (1.200 PS) vorgesehen. Mit den zwei Festpropellern mit einem Durchmesser von 600 mm wurden bei 1.295 Propellerumdrehungen 50 kn erreicht.

Als Ablösetyp wurden von 1970 bis 1977 weitere 30 Serienboote, nunmehr vergrößerte Typen des Projekts 131, als Kleine Torpedoschnellboote (KTS) gebaut. Mit 28 t Verdrängung erhielten diese Boote des Typs Libelle drei russische Dieselmotoren Typ M50 F-7 mit der gleichen Leistung wie bei den LTS-Booten. Die drei Festpropeller haben hier einen Durchmesser von 630 mm, Steigung 1.079 mm und ein Fa/F von 0,692. Die 34 kg schweren Propeller wurden mit dem Werkstoff G-CuMn12Al7Fe3Ni2 gegossen. Zur Kavitationseindämmung wurden in jedem Propellerblatt 16-mm-Druckausgleichsbohrungen vorgesehen. Auch diese Propeller drehten bei AK-Fahrt mit 1.295 U/min, womit auch diese Boote 50 kn als Höchstfahrt liefen.

Die Propelleranordnung am LTS-Boot Typ Iltis.
Foto: Slg. H. Mehl

Ein Versuchsboot der Libelle-Klasse bei der Werfterprobung. Foto: Peene-Werft

Die drei Festpropeller und Ruder am KTS-Boot Projekt 131. Foto: Slg. H. Mehl

Propeller der Fregatten der Klasse 120

Ab 1958 wurden auf der Werft Stülcken & Sohn in Hamburg sechs Fregatten der Klasse 120 für die Bundesmarine gebaut. Die rund 2.500 t verdrängenden Schiffe erhielten als Antrieb eine CODAG-Anlage mit vier 16-Zylinder-MAN-Dieseln, je 3.000 PS, und zwei BBC-Gasturbinen mit je 12.000 PS Leistung. Über Verbund- und Untersetzungsgetriebe wurde eine Zweiwellenanlage mit Verstellpropeller der Firma Escher Wyss ausgeführt. Mit Gasturbinenantrieb wurden bei 3.600 U/min der Turbinen 32 kn Höchstfahrt erreicht.

Ein Verstellpropeller der Fregatten der Klasse 120 von Escher Wyss. Foto: Escher Wyss

Die Fregatte KÖLN der Klasse 120 wurde am 19. Oktober 1984 in Dienst gestellt. Foto: Slg. H. Mehl

Die Fregatten der Klasse 122 und ihre Propeller

Ab 1979 wurden weitere 8 Fregatten der Klasse 122 auf verschiedenen Werften für die Bundesmarine gebaut. Die jetzt 3.800 ts verdrängenden Schiffe erhielten eine CODOG-Antriebsanlage mit zwei 20-Zylinder-Viertakt-V-Dieseln von MTU und zwei General Electric-Gasturbinen LM 2500. Jeder Dieselmotor leistet 5.200 PS, eine der Gasturbinen 25.000 PS. Auf den zwei Wellen kamen Verstellpropeller im Skew-back-Design mit einem Durchmesser von 4.200 mm von Escher Wyss zum Einsatz. Mit Gasturbinenantrieb können 30 kn gelaufen werden.

Einer der Verstellpropeller
für Fregatten der Klasse 122.
Foto: Escher Wyss

Die Fregatte AUGSBURG der Klasse 122 am 22. Juli 1993 auslaufend Wilhelmshaven. Foto: Slg. H. Mehl

Propeller der Schnellboote des Typs 143 A

Die 10 FK-S-Boote des Typs 143 A wurden von 1982 bis 1984 auf zwei Werften für die Bundesmarine gebaut. Als Verdrängerboote mit einer Wasserverdrängung von 391 t wurden vier 16-Zylinder-Viertakt-V-Dieselmotoren Typ 16 V 956 ZB 91 als Antriebsanlage vorgesehen. Jeder Motor leistet bei 1.515 U/min 4.000 PS, kurzzeitig bei 1.5.75 U/min 4.500 PS. Die 3-Blatt-Propeller von Schaffran haben einen Durchmesser von 1.300 mm. Als Geschwindigkeit werden 40+ kn erreicht.

Die Propeller und Spatenruder am S-Boot DACHS am 30. Juli 2008 in der Peene-Werft in Wolgast. Foto: R. Weiss

Das S-Boot NERZ, S 74 des Typs 143 A. Foto: Freundeskreis Museums-S-Boot

Propeller der FK-Korvetten der Tarantul-Klasse

Von den FK-Korvetten, auch als Kleines Rake-
tenschiff klassifiziert (KRS), wurde in der UdSSR
eine größere Anzahl nach dem Projekt 1241 RÄ für
den Export gebaut. Die Einsatzverdrängung der
Schiffe beträgt 420 t. Als Antriebsanlage fungiert
eine Allregime-Gasturbinenanlage (COGAG) mit
einer Gesamtleistung von 22.950 kW (31.180 PS).
Mit den über Verbundgetriebe auf zwei Wellen
geschalteten Turbinen kann die für diese Schiffsgröße ungewöhnliche Geschwindigkeit von 44 kn
erreicht werden. Die beiden Festpropeller haben
einen Durchmesser von 1.140 mm.

*Ein superkavitierender Festpropeller der
Tarantul-Korvetten mit Druckausgleichsbohrungen in den Flügeln. Foto: Slg. H. Mehl*

Die FK-Korvette HIDDENSEE (ex RUDOLF EGLHOFER) bei Erprobungen in den USA. Foto: US Navy

Die Fregatten der Koni-Klasse und ihre Propeller

Auch diese Fregatten, in der DDR-Marine als Küstenschutzschiffe klassifiziert, wurden als Exportversion nach dem Projekt 1159 für die Seestreitkräfte verschiedener Länder in der UdSSR gebaut (DDR, Algerien, Jugoslawien, Libyen). Bei einer Einsatzverdrängung von 1.499 t wurde eine Dreiwellenanlage als Antrieb vorgesehen (CODAG). Auf den Außenwellen sind 18-Zylinder-Zweitakt-Gegenkolbendiesel Typ 68 W geschaltet, während auf der Mittelwelle eine Gasturbine M8G

eingebaut ist. Die Gesamtantriebsleistung beträgt 25.750 kW. Auf den Außenwellen sind Festpropeller mit einem Durchmesser von 2.380 mm aufgezogen, während auf der Mittelwelle ein Festpropeller mit einem Durchmesser von 2.620 mm arbeitet (Drehzahlen der Gasturbine). Als Höchstgeschwindigkeit werden 30 kn erreicht.

Das Küstenschutzschiff BERLIN der DDR-Marine, eine Fregatte der Koni-Klasse. Foto: B. Oesterle

Die drei Festpropeller bei einer algerischen Koni-Fregatte in der Nordwerft in St. Petersburg. Foto: Slg. H. Neidel

Der bronzene Festpropeller für die Außenwellen der Koni-Fregatten. Foto: Slg. H. Mehl

Die US-Zerstörer der Spruance-Klasse und ihre Propeller

Für die US Navy wurden von 1972 bis 1980 31 FK-Zerstörer der Spruance-Klasse gebaut. Sie waren die ersten Zerstörer der US Navy, die mit Verstellpropeller und einer Allregime-Gasturbinenanlage ausgerüstet wurden (COGAG). Als Turbinen kamen bei den 8.040 ts verdrängenden Schiffen vier GE LM 2500-GT über Verbundgetriebe auf zwei Wellen zum Einsatz. Die Gesamtleistung beträgt 78.330 PS. Die von der Bird-Johnson Company hergestellten Verstellpropeller haben einen Durchmesser von 4.570 mm. Als max. Geschwindigkeit werden 32 kn angegeben.

Montage eines Verstellpropellers auf der SPRUANCE in den Bath Iron Works. Quelle: Modern Ship Design

Das Typ-Schiff SPRUANCE 1983. Foto: M. Lennon

Propeller der US-Zerstörer der Arleigh Burke-Klasse

Als Ablöseprogramm für die Spruance-Zerstörer wurden seit 1988 bis heute mehr als 55 FK-Zerstörer der Burke Flight I/II-Klasse bei Bath Iron Works und bei Ingalls gebaut. Diese Schiffe verdrängen voll 8.850 ts. Die Antriebsanlage wurde sehr ähnlich wie bei der Spruance mit 4x GE LM 2.500-Gasturbinen vorgesehen (COGAG). Die Verstellpropeller mit einem Durchmesser von 5.180 mm erhielten erstmalig ein Luft-Ausblasesystem zur Senkung der Propellergeräusche. Als Höchstfahrt werden für diese Schiffe 30+ kn genannt.

Erprobung des Luft-Ausblasesystems an den Verstellpropellern der DG 81 Winston S. Churchill. Foto: H. Hogan, USN

Das Typschiff der Serie DG 51 Arleigh Burke. Foto: US Navy

Propeller des Flugzeugträgers ARK ROYAL III

Der auf der Werft Swan Hunter in Wallsend für die Royal Navy gebaute 20.600-ts-Flugzeugträger – in Dienst 1. November 1985 – erhielt eine COGAG-Antriebsanlage mit vier Rolls-Royce-Gasturbinen Olympus TM 3 B. Die über Verbundgetriebe auf zwei Wellen geschalteten Turbinen bringen 36.000 kW (48.960 PS) an jede Welle. Die bronzenen 5-Blatt-Festpropeller haben einen Durchmesser von 6.700 mm und wiegen je 33 t. Als Höchsfahrt werden 30+ kn angegeben.

Der Stb.-Propeller der ARK ROYAL III.
Foto: Navy News

Der Träger ARK ROYAL III im Juni 2007 in Portsmouth. Foto: Slg. H. Mehl

Die Propeller des Flugzeugträgers CHARLES DE GAULLE

Der für die französische Marine Nationale auf der Werft DCN Brest gebaute Träger verfügt über eine nuklear gestützte Antriebsanlage. Bei einer max. Verdrängung von 42.500 ts wurden zwei Kernreaktoren K15 als Wärmequelle zur Dampferzeugung vorgesehen. Auf zwei Wellen sind Getriebe-Dampfturbinen mit einer Gesamtleistung von 61.000 kW gekuppelt. Die zwei 4-Blatt-Propeller mit Skew-back-Design haben einen Durchmesser von 5.900 mm und wiegen je 19 t. Mit 170 Propellerumdrehungen sollen 28+ kn erreicht werden.

Montage des Stb.-Propellers auf der Werft DCN in Brest. Quelle: Warnecke, Schiffsantriebe

Der französische Flugzeugträger CHARLES DE GAULLE. Foto: Marine Nationale

Die britischen Flugzeugträger der QE-Klasse und ihre Propeller

Die 2010 noch im Bau befindlichen neuen Flugzeugträger H.M.S. Prince of Wales und H.M.S.
Queen Elizabeth (65.000 ts) erhalten eine kom-
binierte Antriebsanlage mit zwei Gasturbinen MT
30 von Rolls-Royce, vier Dieselgeneratoren von
Wärtsila und elektrische Fahrmotoren (Gesamtleistung 109 MW). Als Vortriebsmittel kommen
zwei gebaute Propeller von KaMeWa mit einem
Durchmesser von 7.000 mm zum Einsatz. Die aus
NiAl-Bronze gefertigten Propeller wiegen je 33 t.

Ein Propeller der H.M.S. Prince of Wales,
Antriebsleistung je Propeller 37 MW.
Foto: Jandeks

Propeller für US-Flugzeugträger der Nimitz-Klasse

Mit dem Träger GEORGE H. W. BUSCH (CVN 77) wurde im März 2009 der letzte der insgesamt 10 gebauten Träger der Nimitz-Klasse in Dienst gestellt. Da es bei den Schiffskörpern Unterschiede gibt – Träger GEORGE WASHINGTON war das erste Schiff mit Bugwulst –, kamen teilweise auch unterschiedliche Propeller zum Einsatz. Grundsätzlich verfügen alle Träger über einen nuklear gestützten Antrieb mit zwei Reaktoren zur Dampferzeugung. Alle Träger haben vier Wellen mit gekuppelten Getriebe-Dampfturbinen mit einer Gesamtleistung von rund 191.000 kW. Als max. Geschwindigkeit werden 31+ kn genannt.

Der Flugzeugträger CARL VINSON (CVN 70) der Nimitz-Klasse. Foto: US Navy

Stb.-Außenpropeller der CARL VINSON, *Durchmesser 6.400 mm. Foto: US Navy*

Bronzepropeller der GEORGE WASHINGTON *(CVN 73), Durchmesser 6.700 mm. Foto: US Navy*

Die beiden Bb.-Propeller des letzten Nimitz-Trägers GEORGE H. W. BUSH, *Durchmesser 6.400 mm. Foto: US Navy*

U-Boot-Propeller

Der BRANDTAUCHER und sein Propeller

Das von Wilhelm Bauer gewählte Vortriebsmittel für seinen BRANDTAUCHER kann nach früheren Versuchen anderer Erfinder mit Schraubenantrieben als der erste Propeller für ein Unterwasserfahrzeug angesehen werden. Das 1850 bei der Eisengießerei K. Holler in Rendsburg und bei der Schiffswerft Schweffel & Howaldt in Kiel hergestellte Fahrzeug hatte bekanntlich einen manuellen Antrieb in Form eines Tretrades. Der 3-Blatt-Propeller hat einen Durchmesser von 1.200 mm, Steigung 0,373 m und ein Fa/F von 1,205 (H/D = 0,31). Als Blattform wählte Bauer einfache Kreissegmentflächen. Nach der Rekonstruktion konnte ermittelt werden, dass der Propeller mit 60 bis 115 U/min angetrieben werden konnte. Leider sank der BRANDTAUCHER am 1. Februar 1851 bei seiner ersten Tauchfahrt. 1857 wieder gehoben, wurde er nach dem Zweiten Weltkrieg auf der Neptun-Werft in Rostock aufwendig restauriert und seitdem schon mehrmals in verschiedenen Museen ausgestellt.

Der Propeller am restaurierten BRANDTAUCHER. Foto: Slg. H. Mehl

Der BRANDTAUCHER 2009 im Militärhistorischen Museum in Dresden. Foto: Slg. H. Mehl

Propeller des schwedischen U-Bootes HAJEN

Das U-Boot HAJEN (Ubåt No. 1) ist eine schwedische Variante der bekannten britischen und amerikanischen Holland-U-Boote. Das 1904 auf der Örlogsvarvet in Stockholm gebaute Boot hatte als Antriebsanlage einen 4-Zylinder-Petroleummotor, der bei 320 U/min eine Leistung von 160 PS abgab (später auf Dieselmotor umgerüstet). Für Unterwasserfahrt war ein E-Motor mit 70 PS vorgesehen. Der bronzene 3-Blatt-Propeller hat einen Durchmesser von 1.000 mm. Das Boot lief ü.W. 9,5 kn und u.W. 6,5 kn. Das U-Boot ist heute ein Prunkstück der Ausstellung im Marine-Museum in Karlskrona.

Der Bronzepropeller der HAJEN im Gewirr der Ruder und Schutzbügel. Foto: Slg. H. Mehl

U-Boot HAJEN im Marine-Museum in Karlskrona. Foto: Slg. H. Mehl

Propeller des deutschen U-Bootes U 1

Das am 4. August 1906 bei der Germaniawerft in Kiel vom Stapel gelaufene Boot wurde als erstes U-Boot der Kaiserlichen Marine am 14. Dezember 1906 in Dienst gestellt. Das Zweihüllen-Küsten-U-Boot (ü.W. 238 t, u.W. 283 t) erhielt als Antriebsanlage zwei 6-Zylinder-Körting-Petroleummotoren (400 PS) sowie zwei DEW-E-Fahrmotoren (400 PS). Die zwei bronzenen Verstellpropeller (!) mit Stangensteuerung haben einen Durchmesser von 1.300 mm. Über Wasser konnte das U-Boot 10,8 kn, getaucht 8,7 kn laufen. Es ist heute Ausstellungsstück im Deutschen Museum in München.

Die Propeller des U-Bootes U 1. Foto: H.-J. Mehl

Das U-Boot U 21 der Kaiserlichen Marine. Foto: Slg. H. Mehl

Propeller des deutschen U-Bootes U 20

Das auf der Kaiserlichen Werft in Danzig gebaute und am 5. September 1913 in Dienst gestellte Boot U 20 verdrängte ü.W. 650 und u.W. 837 t. Der Antrieb erfolgte durch zwei 6-Zylinder-4-Takt-Diesel mit 1.700 PS und zwei AEG-E-Fahrmotoren mit 1.200 PS. Die zwei bronzenen 3-Blattpropeller haben einen Durchmesser von 1.500 mm. Über Wasser wurden 15,4, unter Wasser 9,5 kn erreicht. Das Boot ging am 5. November 1916 durch Strandung an der jütländischen Küste verloren. Reste des Bootes wurden in den 20er-Jahren in dänischem Auftrag abgeborgen.

Ein Propeller des U 20 wird heute im Orlogmuseum in Kopenhagen gezeigt. Foto: Slg. H. Mehl

Propeller für U-Boote des Typs VII C

Die in großer Zahl auf verschiedenen deutschen Werften gebauten U-Boote des Typs VII C und VII C/41 verdrängten ü.W. 761 t und getaucht 865 t. Die Mehrzahl der Boote erhielt Dieselmotoren F 46 der Germaniawerft bzw. MAN-Motoren M9V 40/46 mit Leistungen bis max. 2.800 PS. Die E-Fahrmotoren erbrachten durchschnittlich 750 PS. Die zwei Propeller haben einen Durchmesser von 1.620 mm, Steigung 1.540 mm und wiegen je 426 kg. Als Werkstoff kam überwiegend Stahlguss Stg 45 zum Einsatz. Die Boote erreichten ü.W. 17 kn und getaucht 7,6 kn.

Stb.-Propeller des Bootes U 995, Typ VII C/41 am Marine-Ehrenmal in Laboe.
Foto: Slg. H. Mehl

Das deutsche U-Boot U 36 vom Typ VII A. Foto: Schäfer

Propeller des sowjetischen U-Bootes D 2

Vom Typ D wurden von 1927 bis 1931 sechs Boote für die sowjetische Flotte gebaut.

Die Verdrängung betrug ü.W. 941 t und u.W. 1.288 t. Als Antrieb dienten zwei Diesel Typ 42 B6 mit 2.200 PS und E-Fahrmotoren mit 2x 525 PS. Die zwei Propeller haben hier einen Durchmesser von 1.500 mm. Über Wasser wurden 15,3, getaucht 8,5 kn erreicht.

Propelleranordnung am U-Boot NARDODVOLEZ
(D 2), heute Museumsboot in St. Petersburg.
Foto: O. Pestow

Deutsches U-Boot Typ XXI und seine Propeller

Die ab 1944 auf verschiedenen Werften in Sektionsbauweise gebauten U-Boote des Typs XXI verkörperten den Höhepunkt des deutschen U-Bootbaus bis 1945. Die Boote verdrängten ü.W. 1.621 t und u.W. 1.819 t. Die auch als Elektroboot bezeichneten Boote hatten als Antriebsanlage zwei 6-Zylinder-4-Takt-MAN-Motoren mit einer Leistung von je max. 2.000 PS sowie zwei E-Fahrmotoren mit max. Leistung von 4.800 PS. Die für die Unterwasserfahrt optimierten Propeller haben einen Durchmesser von 2.150 mm. Die Boote konnten mit 17,2 kn unter Wasser schneller laufen als über Wasser (15,6 kn).

Ein Propeller am Museums-U-Boot Typ XXI in Bremerhaven. Foto: Slg. H. Mehl

Propeller für deutsches Kleinst-U-Boot Typ Biber

Das deutsche Kleinst-U-Boot Biber verdrängte rund 6,3 m³. Als Antrieb über Wasser und zum Aufladen der Batterien diente ein LKW-Otto-Motor vom Opel Blitz mit 32 PS Leistung. Für Unterwasserfahrt kam ein E-Motor eines Torpedos G7e mit 13 PS zum Einsatz. Der Propeller hat einen Durchmesser von 470 mm. Ü.W. wurden 6,5 kn, u.W. 5,3 kn erreicht. Das erste Boot wurde am 15. März 1944 übergeben. Insgesamt wurden bis Kriegsende 1945 noch 324 dieser Boote gebaut.

Der Propeller am Kleinst-U-Boot Typ Biber.
Foto: Slg. H. Mehl

Das Kleinst-U-Boot Typ Biber in einer Sonderausstellung im Schifffahrtsmuseum in Bergen (Norwegen).
Foto: Slg. H. Mehl

Deutsches Kleinst-U-Boot Typ Molch und sein Propeller

Fast parallel zum Bau des Typs Biber lief auch eine Entwicklung für ein Kleinst-U-Boot Typ Molch. Das erste Boot wurde am 12. Juni 1944 vorgestellt. Das reine Elektroboot (kein Verbrennungsmotor) ähnelte einem vergrößerten Torpedo, bei dem auch als Antrieb der Torpedo-E-Motor SSW des G/e-Torpedos, allerdings nur mit einer Welle, zum Einsatz kam. Der Propeller des 11 m³ verdrängenden Bootes hat einen Durchmesser von 500 mm und drehte bei Volllast mit 596 U/min. Bei Überwasserfahrt wurden nur 4,3 kn, unter Wasser 5,0 kn erreicht.

Der Bronzepropeller am Kleinst-U-Boot Typ Molch. Foto: Slg. H. Mehl

Ein Kleinst-U-Boot Typ Molch mit Torpedos G/e in der Sammlung des Wissenschaftlichen Instituts für Schiffahrts- und Marinegeschichte in Hamburg (Sammlung heute IMMH). Foto: Slg. H. Mehl

Propeller für deutsches Kleinst-U-Boot Typ Seehund

Eine weitere deutsche Entwicklung eines Kleinst-U-Bootes war das 14,9 m³ verdrängende Boot Typ Seehund (XXVII B5). Als Antriebsanlage wurden hier ein LKW-Dieselmotor BÜSSING NAG Typ LD6 mit einer Leistung von 60 PS sowie ein AEG-E-Motor AW 77 mit 25 PS vorgesehen. Um den anfangs offen laufenden Propeller mit einem Durchmesser von 450 mm wurde später eine Ruder-Kort-Düse angeordnet (noch später 2-Blattruder). Über Wasser erreichte dieser Typ 7,7 kn und unter Wasser 6,0 kn.

Propeller in Ruder-Kort-Düse am Kleinst-U-Boot Typ Seehund in der Sammlung des IMMH. Foto: Slg. H. Mehl

Japanisches Kleinst-U-Boot Typ A und seine Propeller

Die schon Ende der 30er-Jahre in Japan entwickelten Kleinst-U-Boote des Typs A waren ebenfalls reine Elektroboote. Das für hohe Geschwindigkeiten optimierte Boot erhielt als Antrieb einen E-Fahrmotor mit 600 PS! Um das Drehmoment des nur 1,85 m im Durchmesser messenden Bootes zu kompensieren, wurden hier wie bei einem Torpedo zwei gegenläufige Propeller vorgesehen. Ü.W. konnten diese Boote mit 23 kn, u.W. mit 19 kn laufen.

Die gegenläufigen Propeller am japanischen Kleinst-U-Boot Typ A, ein Exponat im Australian War Museum in Canberra. Foto: G. Hein

Propeller der britischen U-Boote der A-Klasse

Die insgesamt 14 ab 1944 auf zwei britischen Werften gebauten U-Boote der A-Klasse verdrängten getaucht 1.590 ts. Der Antrieb erfolgte durch zwei Vickers 8-Zylinder-Diesel mit je 2.150 PS sowie für Tauchfahrt durch zwei E-Fahrmotoren mit je 625 PS. Die Bronzepropeller haben einen Durchmesser von 1.750 mm. Die eigenartige Blattform musste offensichtlich zur Gewährleistung des erforderlichen Freischlags gegenüber dem Bootskörper gewählt werden. Die Boote liefen ü.W. 18,5 kn und getaucht 8 kn. Einige der Boote wurden umgebaut und modernisiert.

Die Propeller der ALLIANCE. Foto: Slg. H. Mehl

Das U-Boot Alliance der A-Klasse ist seit 1981 Exponat im Royal Navy Submarine Museum in Gosport. Foto: Slg. H. Mehl

Die sowjetischen U-Boote der Tango-Klasse und ihre Propeller

Vorläufer der Tango-U-Boote (Projekt 641 B) waren die in großer Zahl gebauten 3-Schrauben-U-Boote der Foxtrot-Klasse (Projekt 641). Die vermutlich 18 gebauten Boote der Tango-Klasse verdrängten ü. W. 2.800 t, getaucht 3.630 t. Wie bei Foxtrot erhielten die Tango-Boote ebenfalls einen Dreiwellenantrieb mit drei Dieselmotoren mit je 1.733 PS und drei E-Motoren mit je 1.740 PS (später neue Dieselmotoren PG 102 mit 2.700 PS). Die 5-Blatt-Bronze-Propeller haben auf den Nabenkappen vier Flossen, die durch Ausnutzung des Drallstroms des Propellers den Wirkungsgrad (Schub) erhöhen sollen. Die Boote liefen ü.W. 15 kn, u.W. 16,5 kn. Die Reichweite mit 8 kn Fahrt betrug 16.000 sm!

Einer der drei Propeller von U 434 mit Flossen auf der Nabenkappe. Foto: Slg. H. Mehl

Das Tango-U-Boot U 434 (sowjet. Bord.-Nr. B 515) liegt heute als Museums-U-Boot in Hamburg. Foto: Museums-U-Boot Hamburg

Die Propeller der deutschen U-Boote Typ 205 und 206 A

Die deutschen Nachkriegs-U-Boote der Typen 205 und 206 verfügen über die gleichen Antriebsanlagen, bestehend aus zwei Diesel-Generatorsätzen mit Dieselmotor MB 820 mit je 600 PS (später MTU 12 V 493 AZ 80) und einem Siemens-E-Fahrmotor mit 1.100 KW (1.500 PS). Der Typ 205 hat einen 5-Blatt-Propeller, beim modernisierten Typ 206 A kamen 7-Blatt-Propeller mit Skew-back-Design zum Einsatz. Die von Ostermann in Köln hergestellten 7-Blatt-Propeller haben einen Durchmesser von 2.200 mm, mittlere Steigung von 2.203 mm und wiegen je 1.075 kg. Diese amagnetischen Propeller – Werkstoff G-ALCUN IC – gewährleisten einen schwingungs- und geräuscharmen Betrieb mit hohem Wirkungsgrad. Als Unterwassergeschwindigkeit werden beim Typ 206 A 17+ kn angegeben.

Propeller des U-Bootes U 10 (Typ 205), heute Ausstellungsstück im Deutschen Marinemuseum in Wilhelmshaven. Foto: U. Mielck

Der Skew-back-Propeller von U 13 (Typ 206) in der Sammlung des Wissenschaftlichen Instituts für Schiffahrts- und Marinegeschichte in Hamburg (heute IMMH). Foto: Slg. H. Mehl

Das bei den Rheinstahl-Nordseewerken in Emden gebaute U-Boot U 22 vom Typ 206 ver-drängt getaucht 500 ts. Foto: Slg. H. Mehl

Propeller eines U-Bootes TYP 214

Die U-Boote des Typs 214 sind Exportversionen der deutschen U-Bootwerften, die entweder direkt in Deutschland oder mit Materialpaketen im Bestellerland gebaut werden (Griechenland, Südkorea, Option Türkei). Es sind Weiterentwicklungen des Typs 209, die ebenfalls wie deutsche U-Boote des Typs 212 A mit PEM-Brennstoffzellen als zusätzlicher Energiequelle ausgerüstet werden. Getaucht verdrängen diese Boote rund 1.900 ts, der Propellerantrieb erfolgt durch einen Permasyn-E-Motor mit 4.000 kW Leistung. Als Unterwassergeschwindigkeit werden 20 kn angegeben. Auf neueren Booten sollen zukünftig Propeller aus kohlenstofffaserverstärktem Kunststoff zum Einsatz kommen (Nabe Metall, Flügel CFK).

Der 7-flügelige Propeller ist möglicherweise schon ein CFK-Propeller im Skew-back-Design. Foto: Slg. H. Mehl

Ein U-Boot Typ 214 auf der Taktstraße bei der HDW in Kiel am 26. August 2009. Foto: Slg. H. Mehl

Propeller für russisches Diesel-U-Boot St. Petersburg

Die auf der Admiralitätswerft in St. Petersburg ab 1997 gebauten U-Boote des Projekts 677 (Lada-Klasse) wurden in Russland als Patrouillen-U-Boote klassifiziert. Als Antrieb für die getaucht 2.600 t verdrängenden Boote dienen Dieselmotoren und E-Fahrmotor mit einer Leistung von 4.100 kW. Der moderne 7-Blatt-Propeller wurde im High-Skew-back-Design für Geräusch- und Schwingungsarmut konstruiert. Die Boote sollen getaucht 22 kn laufen.

Propelleranordnung am russischen Diesel-U-Boot St. Petersburg. Foto: Slg. O. Pestow

Propeller des ersten Atom-U-Bootes USS Nautilus

Das auf der Werft General Dynamics Electric Boat in Groton gebaute Atom-U-Boot wurde am 30. September 1954 in Dienst gestellt. Erstmalig kam hier ein Druckwasserreaktor S2W als Wärmequelle für die Dampferzeugung zum Einsatz. Über Wasser verdrängte das Boot 3.533 ts, getaucht 4.092 ts (volle Verdrängung). Das Boot verfügte noch über eine Zweiwellenanlage mit 5-flügeligen Bronzepropellern. Die Antriebsleistung betrug 15.000 PS, als Geschwindigkeit unter Wasser werden 23 kn angegeben. Das Boot kann heute im Submarine Force Museum in Groton besichtigt werden.

Einer der zwei Bronzepropeller der Nautilus im Submarine Force Museum in Groton. Foto: Slg. H. Mehl

Die USS Nautilus (SSN 571) in See. Foto: US Navy

Propeller des britischen Atom-U-Bootes H.M.S. Resolution

Die vier auf der Werft Vickers Ltd. in Barrow-in-Furness gebauten Atom-U-Boote der Resolution-Klasse waren die ersten U-Boote der Royal Navy mit strategischer Raketenbewaffnung (16x Polaris A3). Die Boote verdrängten ü.W. 7.600 ts, getaucht 8.500 ts. Als Wärmequelle zur Dampferzeugung wurde ein Rolls-Royce-Druckwasserreaktor RR PW R1 vorgesehen. Die Leistung der Dampfturbinenanlage für Einwellenantrieb betrug 15.000 PS. Als Vortriebsmittel wurde ein 7-Blatt-Bronze-Propeller vorgesehen. Die Boote erreichten bei Unterwasserfahrt 25 kn.

Der Propeller der H.M.S. Resolution im Royal Navy Submarine Museum in Gosport. Foto: Slg. H. Mehl

Das Atom-U-Boot H.M.S. Resolution (S22). Foto: Royal Navy

Die sowjetisch/russischen Atom-U-Boote Projekt 667 und ihre Propeller

Von 1976 bis 1982 erfolgte der Bau von 14 Einheiten des Projekts 667 BDR KALMAR (NATO: Delta III) für die sowjetische Flotte. Die über Wasser 12.000 t verdrängenden Boote – unter Wasser 13.250 t – haben als Wärmequelle für die Dampferzeugung zwei Reaktoren. Die Antriebsleistung für die Zweiwellenanlage mit Getriebeturbinen beträgt 44.000 kW (60.000 PS). Als Vortriebsmittel wurden zwei 5-Blatt-Propeller vorgesehen. Die Boote sollen unter Wasser 24+ kn erreichen.

Ein Delta III-Boot dockt 2003 nach Werftinstandsetzung und Modernisierung aus der Halle aus. Foto: Slg. O. Pestow

Propeller der sowjetisch/russischen Atom-U-Boote Typ Akula

Von den ursprünglich sechs gebauten und in Dienst gestellten Booten des Projekts 941 (NATO: Typhoon-Klasse) – das 7. Boot TK-210 wurde nicht mehr in Dienst gestellt – werden heute noch drei als in Dienst bei der Nordflotte geführt. Mit einer Unterwasserverdrängung von 48.000 t (ü.W. 23.200 t) sind sie die bislang größten gebauten U-Boote der Welt. Das erste Boot dieses Typs wurde mit der Nummer TK-208 als DIMITRIJ DONSKOJ am 12. Dezember 1981 in Dienst gestellt. Bemerkenswert ist die Ausführung mit zwei parallelen Hauptdruckkörpern und weiteren drei Nebendruckkörpern. In den Hauptdruckkörpern befinden sich je ein Antriebsstrang mit Druckwasserreaktor, Dampferzeuger und Dampfturbinen mit einer Leistung von je 50.000 PS (zusätzlich noch vier Turbogeneratoren mit je 3.200 kW). Die zwei Wellen für die Propeller haben auch einen elektrischen Notantrieb. Die 7-Blatt-High-Skew-Propeller sind in einem Dü-

senring montiert. Die Boote verfügen am Bug und am Heck über Querstrahlruderanlagen. Als Unterwassergeschwindigkeit werden nach russischen Quellen 25 kn angegeben.

Art und Anordnung der Propeller am Atom-U-Boot der Typhoon-Klasse (Projekt 941). Foto: Slg. O. Pestow

Ein russisches Atom-U-Boot der Typhoon-Klasse geht in See. Foto: Slg. O Pestow

Schiffsregister

Quellenverzeichnis

Antonow, A.; Marinin, W.; Walu-
jew, N.: Sowjetisch-russische
Atom-U-Boote, Berlin 1998

Dies.: Neubauten mit besonderer
Energieerzeugung/Propulsion.
In: HANSA Sonderdruck Heft 4,
1985

Bauer, G.: Der Schiffsmaschinenbau, Bd. 1, München/Berlin 1923

Bösche, K.; Hochhaus, K.-H.;
Pollem, H.; Taggesell, J. u.a.:
Dampfer, Diesel und Turbinen –
Die Welt der Schiffsingenieure,
Hamburg 2005

Bossow, G.: Der Verstellpropeller
– ein modernes Antriebsorgan
für Schiffe. In: Deutscher Marinekalender 1968

Ders.: Vom Schaufelrad zum
Schraubenpropeller. In: Deutscher Marinekalender 1969

Burjow, W. N.: Otestshetvennoe
Woennoe Korablstroenie, St.
Peterburg 1995

Busley, C.: Die Schiffsmaschine,
ihre Construktion, Wirkungsweise und Bedienung, Kiel 1886

Dudszus, A; Dankwardt, E.:
Schiffstechnik, Einführung und
Grundbegriffe, Berlin 1982

Dudszus, A.; Köpke, A.: Das große
Buch der Schiffstypen, Berlin
1990

Evers, H.: Kriegsschiffbau, Berlin
1943

Fock, H.: Kampfschiffe. Marineschiffbau auf deutschen Werften – 1870 bis heute, Hamburg
1995

Ders.: Schiff des Monats. Artikel-
folge in Z. Marine Forum

Foerster, E.: Johows Hilfsbuch für
den Schiffbau, Berlin 1920

Gillmer, T. C.: Modern Ship Design,
Annapolis 1975

Gröner, E.: Die deutschen Kriegsschiffe 1815 – 1936, München/
Berlin 1937

Hadeler, W.: Kriegsschiffbau,
Teil B, Darmstadt 1968

Handel-Mazetti, P.: Josef Ressel –
Erfinder der Schiffsschraube.
Artikel Archiv H. Mehl

Hauschildt, P.: U-Boot-Technolo-
gie der Zukunft. In: Z. Marine
Forum, 9/2009

Henriot, E.: Kurzgefaßte illust-
rierte Geschichte des Schiffbaus, Rostock 1971

Hildebrand, H.; Röhr, A.; Stein-
metz, H.-O.: Die deutschen
Kriegsschiffe – Biographien,
Hamburg 1979

Inspektion des Bildungswesens
der Marine. Leitfaden für den
Unterricht im Schiffbau, Berlin
1908

Jacobi, R.: Vom Windmühlenflügel
zum Verstellpropeller, Hamburg
1988

Jürgens, B.; Fork, W.: Faszination
Voith-Schneider-Propeller. Geschichte und Technik, Hamburg
2002

Lipsky, F. u. S.: Faszination
U-Boot. Museums-Untersee-
boote aus aller Welt, Hamburg
2000

Mecklenburger Metallguss GmbH:
Wenn Schiffen Flügel wachsen,
Waren o.J.

Mehmel, M.: Antriebstechnolo-
gien für Wasserfahrzeuge. In: Z.
Marine Forum 3/2010

OM/GL: Perfekte Propeller. In: Z.
Antrieb, Nr. 1, Febr. 2008. Organ
des Vereins der Schiffsingenieure Bremen e.V.

Pedersen, P.: Die große Zeit der
Luxus-Liner, Hamburg 1981

Pressestelle Schiffswerft Neptun
Rostock. 140 Jahre Eisenschiffbau in Rostock, Berlin 1991

Rook, H.-J.: Die Jagd um das Blaue
Band, Berlin 1991

Scholl, Lars U.: Technikgeschichte
des industriellen Schiffbaus in
Deutschland, Bd. 1 u. 2., Hamburg 1994

Strobel, D.; Dame, G.: Schiffbau
zwischen Elbe und Oder, Her-
ford 1993

Taggesell, J.: Bilddokumente alter
Schiffs-Dampfkolbenmaschi-
nen. In: Z. Antrieb, Verlag Verein
der Schiffsingenieure Bremen
e.V.

Warnecke, H.-J.: Schiffsantriebe –
5000 Jahre Innovation, Hamburg
2005

Witthöft, H.-J.: Tradition und
Fortschritt – 125 Jahre Blohm +
Voss, Hamburg 2002

Ders.: Gebaut bei Blohm + Voss,
Hamburg 2004

Zeitschriften und Journale

Antrieb
DSRK Jahresberichte
Germanischer Lloyd,
Tätigkeitsberichte
Logbuch
Marine-Arsenal
Marine Forum
Naval Forces
nonstop – Germanischer Lloyd
Okrety Wojenne
Schiffe, Menschen, Schicksale
Seewirtschaft
Ships of the world
Warship international
Warship Technology

Hans-Jürgen Wolff

Mein Weg nach Westen

Von Alkoholschmugglern und Raufbolden
in der Handelsmarine

160 S., 98 Abbildungen
Format 13,5 x 21 cm, Hardcover

14,90 Euro
ISBN 978-3-95494-041-7

Bereits erschienen

Hans-Jürgen Wolff erzählt aus
seinen Lehrjahren in der Fremde
und auf den Weltmeeren. In
der Maschine fuhr er für die
Arosa-Reederei und später auf
Frachtschiffen der Reedereien
Argo und Ivers & Arlt, wo er auf
Alkoholschmuggler und Raufbolde
traf. Eine spannende Biografie, die
den Leser nicht mehr loslässt.

Die Schifffahrt bescherte Itzehoe ab Mitte des
19. Jahrhunderts einen beispiellosen Aufschwung.
Weitreichende Handelsbeziehungen, Werften,
eine Walfanggesellschaft, Reedereigründungen
und vor allem die kleineren Flussschiffe sind die
Kennzeichen dieser Blütezeit. Die Geschichte
Itzehoes aus maritimer Sicht.

Herbert Karting

Itzehoer Schifffahrtschronik

Die maritime Geschichte der Stadt und ihres Hafens,
ihrer Kaufleute, Schiffer, Reeder, Schiffbauer und
deren Fahrzeuge bis zur Gegenwart

ca. 650 S., ca. 650 Abbildungen
Format 21,5 x 28 cm

ca. 49,90 Euro
ISBN 978-3-95494-052-3

Erscheint im Herbst 2014

Rolf Geffken

Arbeit & Arbeitskampf im Hafen

Zur Geschichte der Hafenarbeit
und der Hafenarbeitergewerkschaft

ca. 144 S., ca. 40 Abbildungen
Format 17 x 22 cm
ca. 24,90 Euro
ISBN 978-3-95494-053-0

Erscheint im Herbst 2014

In den deutschen Seehäfen der Exportnation Deutschland geht nichts ohne die Hafenarbeiter. Rolf Geffken unternimmt eine erste Gesamtdarstellung von Geschichte und Gegenwart der Arbeit und der Arbeitskämpfe in deutschen Häfen und ruft die Hafenarbeiter als bedeutenden Teil der deutschen Arbeiterbewegung in Erinnerung.

Rolf Geffken

Jammer & Wind

Eine alternative Geschichte
der deutschen Seefahrt
vom Mittelalter bis zur Gegenwart

ca. 128 S., ca. 34 Abbildungen
Format 17 x 22 cm
ca. 24,90 Euro
ISBN 978-3-95494-054-7

Erscheint im Herbst 2014

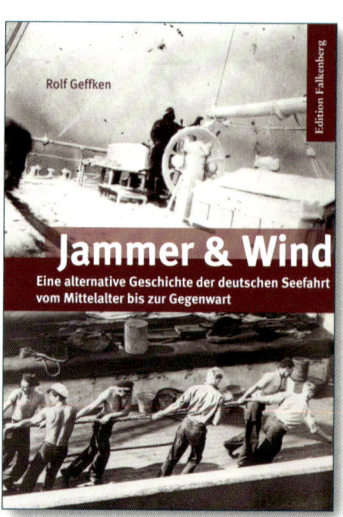

Dieses Buch ist die erste Alternative zu der verlogenen Jubelliteratur der Seefahrtsromantik, die von Seefahrt spricht, ohne ihren gefährlichen Alltag durchleben zu müssen. Hier wird aufgeräumt mit dem Märchen vom »Boot, in dem alle sitzen«. Es schildert eindringlich die verhängnisvolle Rolle privaten Reederkapitals in der deutschen Geschichte.

Peter Pospiech

Von Nutzern und Wächtern

Spezialschiffe in der Nordsee

144 S., 142 Abbildungen
Format 16,5 x 23,5 cm

29,90 Euro
ISBN 978-3-95494-047-9

Bereits erschienen

Die Nordsee ist ein wichtiger Handelsweg und dient Mittel- und Nordeuropa als Passage zu den Weltmärkten. Die südliche Nordsee ist zusammen mit dem angrenzenden Ärmelkanal die am dichtesten befahrene Schifffahrtsregion der Welt. Unter dem Meeresboden befinden sich größere Erdöl- und Erdgasreserven, die seit den 1970er Jahren abgebaut werden. Kommerzielle Fischerei hat den Fischbestand des Meeres in den letzten Jahrzehnten vermindert. Umweltveränderungen entstehen auch dadurch, dass die Abwässer aus Nordeuropa und Teilen Mitteleuropas direkt oder über die angrenzende Ostsee in das Meer fließen.

Die wachsende Anzahl, Größe und Schnelligkeit der Schiffe führte zu einer stetigen Ausweitung des Schiffsverkehrs in den Meeresgebieten von Nord- und Ostsee. Einige werden durch Schifffahrtsstraßen zu den großen Häfen gekreuzt oder aufgrund der geografischen Gegebenheiten besonders stark genutzt. Rund 420.000 Schiffsbewegungen gibt es pro Jahr allein in der Deutschen Bucht, das sind durchschnittlich mehr als 400 am Tag. In engen oder besonders stark genutzten Meeresgebieten regeln Verkehrstrennungsgebiete mit genau vorgeschriebenen Fahrwasserbreiten für jede Fahrtrichtung den Verkehr.

Das vorliegende Buch informiert mit Insiderwissen über Schiffe und ihre Crews, die unsere Nordsee bewachen und schützen, aber auch über Schiffe und Menschen, die die Nordsee bewirtschaften. Umfassendes Bildmaterial gewährt dem Leser exklusive Einblicke in die Wasserfahrzeuge und das wichtige Thema Küstenschutz.

Lars U. Scholl und Rainer Slotta (Hrsg.)

Abenteuer Salpeter

Gewinnung und Nutzung eines Rohstoffes
aus der chilenischen Atacamawüste

In Zusammenarbeit mit dem Deutschen Schiffahrtsmuseum in Bremerhaven und dem Deutschen
Bergbaumuseum in Bochum

168 S., 186 farbige Abbildungen
Format 21 x 26 cm

22,90 Euro
ISBN 978-3-95494-039-4

Bereits erschienen

Salpeter als Bestandteil des Schießpulvers war in Europa seit dem 14. Jahrhundert bekannt. Seine hervorragende Eigenschaft als Düngemittel wurde bereits im 18. Jahrhundert erkannt und fand im 19. Jahrhundert weit verbreitete Anwendung in der Landwirtschaft. In der Atacamawüste Südamerikas, die nach dem Salpeterkrieg Chiles gegen Peru und Bolivien (1879–1883) an Chile gefallen war, wurde in den Oficinas genannten Abbaustätten in großem Maße Salpeter gewonnen, der auf den Salpeter-Klippern rund um Kap Hoorn nach Europa verschifft wurde. Die Oficinas Santa Laura und Humberstone gehören heute zum Weltkulturerbe.

Die großen Vier- und Fünfmaster der Hamburger Reederei F. Laeisz wie die Potosi oder die Preussen oder die Segler der Bremer Reederei D.H. Wätjen warteten auf der Reede vor den Häfen von Iquique oder Antofagasta auf ihre Ladung, die in Säcken verpackt auf Leichtern zu den Ankerplätzen gebracht wurden. Der sogenannte Chilesalpeter war in ausreichenden Mengen verfügbar und belebte über Jahrzehnte die chilenische Wirtschaft bis zum Ausbruch des Ersten Weltkrieges, der die Großsegelschifffahrt zum Erliegen brachte.

Die Erfindung der Ammoniaksynthese durch das Haber-Bosch-Verfahren beschleunigte den Niedergang der Bedeutung von Salpeter. Der bis dahin preislich günstige Chilesalpeter wurde durch das künstlich und industriell hergestellte Ammoniak weitgehend obsolet. In geringerem Maße war Salpeter auch nach dem Krieg noch nachgefragt, bis die Salpeterindustrie im Zuge der weltweiten Rezession von 1929/30 zum Erliegen kam.

1. Auflage 2014
Das Copyright © liegt beim Herausgeber, den jeweiligen Bildgebern
sowie bei der Edition Falkenberg, Bremen
ISBN 978-3-95494-051-6
www.edition-falkenberg.de